Das Internet des Geldes Band Zwei

Andreas M. Antonopoulos

Das Internet des Geldes

Band Zwei

Eine Sammlung der Vorträge von Andreas M. Antonopoulos

https://TheInternetOfMoney.org/

Der Bitcoin-Community gewidmet.

Haftungsausschluss:

Dieses Buch sind herausgegebene Meinungen und Kommentare. Viele Inhalte basieren auf persönlichen Erfahrungen und Anekdoten. Es ist gedacht, um sorgfältige Überlegungen über Ideen zu fördern, die philosophische Debatte anzukurbeln und weitere unabhängige Forschung zu inspirieren. Es ist kein Aufruf zu investieren; benutzen Sie es nicht als Basis für Entscheidungen hinsichtlich Ihrer Geldanlage. Es gibt keine rechtlichen Ratschläge; suchen Sie eine Anwaltskanzlei in ihrem Land mit ihren rechtlichen Fragen auf. Trotz unseres besten Einsatzes kann das Buch Fehler und Auslassungen enthalten. Andreas M. Antonopoulos, Merkle Bloom LLC, die Menschen in der Redaktion, dem Lektorat, bei der Niederschrift und beim Design übernehmen keine Verantwortung für Fehler oder Auslassungen. Die Dinge ändern sich in der Bitcoin und Blockchain Industrie sehr schnell; nutzen Sie dieses Buch als eine Referenz, aber nicht als die einzige.

Bezüge auf patentierte oder markengeschützte Arbeiten dienen nur der Kritik oder dem Kommentar. Alle geschützten Begriffe sind Eigentum ihrer jeweiligen Besitzer. Referenzen zu Individuen, Unternehmen, Produkten und Services dienen nur der Darstellung und sind nicht als Unterstützung gedacht.

Lizensierung:

Fast die gesamten Original-Arbeiten von Andreas sind unter einer Creative Commons Lizenz herausgegeben. Andreas hat uns mittels CC-BY das Recht übertragen, den Inhalt zu verändern und zu verbreiten. Wenn Sie Teile des Buches in Ihrem Projekt verwenden wollen, senden Sie uns eine Nachricht an licensing@merklebloom.com. Wir bewilligen die meisten Lizenzanfragen rasch und kostenfrei.

Vorträge von Andreas M. Antonopoulos

https://antonopoulos.com/

@aantonop

Design der Abdeckung

Kathrine Smith: http://kathrinevsmith.com/

Transkription und Redaktion

Jessica Levesque, Pamela Morgan, Janine Römer

Lektorat

Brooke Mallers, Ph.D.: @bitcoinmom

Deutsche Übersetzung

Anita Posch: https://anitaposch.com @anitaposch

Marco Litjens: https://marcolitjens.com office@marcolitjens.com

Deutsches Lektorat

Anita Posch: https://anitaposch.com/ @anitaposch

Erster Ausgabe: **1. Juni 2019**

Zweiter Druck: **17. Juni 2019**

Einsendung von Fehlern: errata@merklebloom.com

Lizenzanträge: licensing@merklebloom.com

Allgemeines: info@merklebloom.com

ISBN: 978-1-947910-13-3

Table of Contents

Meinungen zu "Das Internet des Geldes"

Andreas M. Antonopoulos tut es wieder. Der zweite Band von "Das Internet des Geldes" ist vermutlich die allerbeste Referenz, um einen schnellen Überblick über die neuesten Entwicklungen bei Bitcoin, Ethereum, ICOs und den Blockchain Bereich im Allgemeinen zu bekommen.

— Balaji Srinavasan, Gesellschafterrat bei Andreessen Horowitz

Bei der täglich lauter werdenden Begeisterung rund um Bitcoin, Kryptowährungen und Blockchain Technologie braucht es mehr denn je den Rat von Andreas M. Antonopoulos. Mit seiner klaren Botschaft, die maßvoll und vorsichtig, und voller Hoffnung und Möglichkeiten ist, baut Antonopoulos eigenhändig die Reihen derer auf, die dieses wichtige Phänomen verstehen. Wenn Sie dieser Gruppe angehören wollen, lesen Sie dieses Buch.

— Michael Casey, Senior Berater bei der Digital Currency Initiative des MIT Media Labs - Co-Autor von "The Truth Machine: The Blockchain and the Future of Everything"

Als Betreiber einer Non-Profit-Organisation, die Blockchain Ausbildungen anbietet, werde ich oft gefragt, "Wo soll ich anfangen?". Meine Antwort ist immer die gleiche: Mit der Serie "Das Internet des Geldes" von Andreas M. Antonopoulos. Ob Sie Anfänger oder Expertin sind, diese Bücher vermitteln die Auswirkungen der Blockchain Technologie klar und verständlich. Seine Analogien sind unterhaltsam, aufschlussreich und verändern die Perspektive. Ich sende oft Zitate aus den Büchern an meine Bekannten, die ich mit der Schlussbemerkung "Ja, genau!" abschließe. Lesen Sie diese Bücher, um herauszufinden, was so großartig an dieser Sache ist!

— Jinglan Wang, Geschäftsführer des Blockchain Education Networks <<<

Vorwort

Von Andreas M. Antonopoulos

Als meine Reise in Bitcoin begann, hätte ich nie gedacht, dass sie hierher führen würde. Dieses Buch ist wie eine gekürzte Ausgabe eines Tagebuchs meiner Bitcoin-Entdeckungen, die ich in einer Reihe von Vorträgen wiedergegeben habe.

In den letzten fünf Jahren habe ich über 170 Publikumsvorträge weltweit gehalten, über 200 Podcast Folgen aufgenommen, hunderte Fragen beantwortet, über 150 Interviews für Radio, Zeitschriften und TV gegeben, bin in acht Dokumentationen vorgekommen, habe ein technisches Buch mit dem Titel *Mastering Bitcoin* geschrieben und arbeite gerade an einem weiteren technischen Buch mit dem Namen *Mastering Ethereum*. Fast alle dieser Arbeiten sind unter open-source Lizenzen, online und kostenfrei verfügbar. Die Vorträge in diesem Buch sind nur ein kleiner Auszug meiner Arbeit. Sie wurden vom redaktionellen Team ausgesucht, um einen Einblick in Bitcoin, seine Anwendungsmöglichkeiten und zukünftigen Auswirkungen zu geben.

Jeder dieser Vorträge wurde live ohne jede visuelle Präsentation und großteils improvisiert gehalten. Ich habe zwar vor jedem Auftritt ein Thema im Kopf, aber die Inspirationen kommen dann von der Energie und der Interaktion mit dem Publikum. Bei jedem Vortrag habe ich neue Ideen, weshalb sich die Themen aufgrund der Reaktion des Publikums laufend weiterentwickeln. Manch Idee startet mit einem einzelnen Satz und entwickelt sich im Laufe mehrerer Vorträge zu einem kompletten Thema.

Dieser Entstehungsprozess ist natürlich nicht fehlerfrei. Meine Vorträge sind übersät mit kleinen sachlichen Fehlern. Ich zitiere Termine, Veranstaltungen, Zahlen und technische Details aus dem Gedächtnis, daher sind sie öfter falsch. Die Redakteurinnen des Buches haben meine Stegreif-Fehler, sprachlichen Ticks und Wortverwechslungen ausgebessert. Das, was sie lesen, ist der Kern jeder Präsentation - wie ich mir gewünscht hätte, dass sie gehalten worden wäre - und nicht ein Transkript der wirklichen Präsentation. Mit dieser Bereinigung sind leider auch die Reaktionen und Energie des Publikums, der Tonfall meiner Worte, die spontanen Lacher des Publikums und von mir verloren gegangen. Um das zu erleben, sehen Sie sich die Videos an, die Sie im Anhang C, ??? des Buches finden.

Bei diesem Buch und meiner fünf Jahre langen Arbeit geht es um mehr als Bitcoin. Diese Vorträge reflektieren meine Weltsicht, meine politischen Ideen und Hoffnungen, meine technische Faszination und meine ausgeprägte "Geekiness". Sie fassen meinen Enthusiasmus über diese Technologie mit der überwältigenden Zukunft, die ich erwarte, zusammen. Diese Vision startet bei Bitcoin, einem verschrobenen Cypherpunk Experiment, das eine Woge von Innovationen entfesselt, das "Internet des Geldes" geschaffen und dabei die Gesellschaft radikal verändert hat.

Fast die gesamte Bitcoin Community weiß um die Bedeutung von Andreas' Leistungen um Bitcoin. Über seine gesprochenen und geschriebenen Werke hinaus ist er ein sehr gefragter öffentlicher Redner, der für seine konstant innovativen, Denkanstöße gebenden und engagierten Vorträge hoch gelobt wird. Dieses Buch zeigt nur einen kleinen Ausschnitt seiner Arbeit in der Bitcoin und Blockchain Industrie in den letzten fünf Jahren. Bei soviel Inhalten war allein die Entscheidung, welche Vorträge in das Buch aufgenommen werden, eine schwierige Aufgabe. Wir haben jene Vorträge ausgewählt, die den Kriterien des Buches am besten entsprechen. Wir hätten leicht noch dutzende mehr verwenden können. Dieses Buch ist Band 2 der "Das Internet des Geldes" Serie, wir hoffen bald einen weiteren Band veröffentlichen zu können.

Zu Beginn dieses Buches stand eine Vision: wir wollten eine einfach zu lesende, kurzgeschichten-ähnliche Übersicht geben, warum Bitcoin wichtig ist und so viele von uns so begeistert davon sind. Wir wollten etwas, das wir mit Familie, Freunden und Kolleginnen teilen konnten, das sie vielleicht wirklich lesen würden: ein Kompendium, das sie für fünf Minuten zur Hand nehmen können, ohne Verpflichtungen und ohne großen Aufwand. Es musste gewinnend geschrieben und mit Beispielen aus dem Alltagsleben versehen sein, um die Technologie verständlich zu machen. Das Buch sollte inspirieren, und die Vision wie dies alles die Menschheit positiv verändern kann, zeigen. Es musste offen die Unzulänglichkeiten der bestehenden Systeme und der Technologie selbst ansprechen.

Trotz unserer besten Vorsätze sind wir uns im Klaren, dass es Dinge gibt, die wir verbessern und ändern könnten. Wir haben an manchen Stellen für eine bessere Lesbarkeit sehr viel editiert und gleichzeitig versucht das Wesen des Vortrages beizubehalten. Wir glauben, dass wir eine gute Balance gefunden haben und sind im Ganzen mit dem Buch zufrieden. Wir hoffen, Sie auch. Wenn Sie Band 1 gelesen haben, werden Sie bemerken, dass wir kleine Änderungen vorgenommen haben. Wir haben die großen zitierten Stellen entfernt. Danke an alle, die uns Feedback gegeben haben. Wir haben ein Frage und Antworten Kapitel hinzugefügt, in dem wir die meistgestellten Fragen an Andreas und seine Antworten darauf präsentieren. Wenn Sie Feedback geben wollen zu redaktionellen Fragen, zum Inhalt oder Vorschläge zur Verbesserung des Buches haben, dann schreiben sie uns bitte eine E-Mail an errata@merklebloom.com.

Tipps, um Ihr Leserlebnis zu verbessern:

Jeder Vortrag ist als alleinstehendes Kapitel gedacht. Sie müssen nicht am Anfang des Buches beginnen. Sollten Sie noch sehr wenig über Bitcoin wissen, ist es ratsam beim ersten Vortrag "Einführung in Bitcoin" zu beginnen, um einen Überblick zu bekommen.

Sie finden ein ausführliches Stichwortverzeichnis am Ende des Buches. Eines der Dinge über die wir uns am meisten freuen, ist das Stichwortverzeichnis. Wir haben uns sehr bemüht ein Stichwortverzeichnis zu schaffen, das Querverweise und das schnelle Auffinden von Forschungsthemen und Fragestellungen ermöglicht.

Kapitel 1 - Einführung in Bitcoin

*Singularity Universität Innovationspartnerschaftsprogramm (IPP) Konferenz;
Silicon Valley, Kalifornien; September 2016*

Video-Link: https://youtu.be/l1si5ZWLgy0

Geld für Nerds

Guten Morgen! Vergessen Sie für einen Moment alles, was Sie über Bitcoin wissen.
Vergessen Sie alles, was Sie über Blockchain gehört haben und fangen wir mit den
Grundlagen an.

2011 hörte ich zum ersten Mal von Bitcoin. Meine Reaktion war genau die gleiche
wie die Reaktion aller anderen, die zum ersten Mal von Bitcoin gehört haben: "Ha,
Geld für Nerds! Das ist wahrscheinlich nur für Glücksspiel." Sechs Monate später
hörte ich wieder von Bitcoin. Diesmal las ich das Whitepaper auf Basis dessen
dieses System gestartet wurde. Mein Hintergrund in Informatik und verteilten
Systemen erlaubte mir, hinter die Illusion zu sehen von dem, was ich dachte Bitcoin
war. Es hat mich umgehauen.

Meine sechste Obsession

In meinem Leben hatte ich bis jetzt sechs Gelegenheiten, in denen ich absolut von
einer Technologie besessen war. Soweit, dass ich vergaß zu essen, zu schlafen und
ohne Rücksicht auf meine Gesundheit soviel Wissen wie möglich aufzusaugen.
Das waren: mein erster Computer im Alter von zehn Jahren, meine ersten
Programmiererfahrungen, mein erstes Modem, das erste Mal als ich das Internet
über einen Browser nutzen konnte, das erste Mal als ich das Linux-Betriebssystem
heruntergeladen und installiert habe. Und dann Bitcoin.

Während der ersten vier Monate nach der Entdeckung von Bitcoin verlor ich 12
Kilogramm Gewicht durch die nicht empfehlenswerte Diät der Obsession. Ich bin
immer noch nicht ganz von dieser Besessenheit geheilt, weil ich immer wieder neue
Tiefenschichten finde, die ich verstehen will. Der Grund für die Faszination Bitcoin
ist, dass es nicht das ist, wofür man es zu Beginn hält.

Bitcoin ist die sechste Innovation des Geldes

Bitcoin ist kein Geld. Es ist kein Währungssystem. Es ist kein Unternehmen,
es ist kein Produkt, es ist kein Service, für den man sich anmeldet. Es ist keine
Währung. Währung ist nur die erste Anwendung. Bitcoin ist das Konzept der
Dezentralisierung angewendet auf die zwischenmenschliche Kommunikation von
Werten. Es ist eine Plattform des Vertrauens.

Was *ist* Geld? Wie INQ (der Künstler, der vor Andreas aufgetreten ist) gesagt hat, ist es eine Illusion, es ist imaginär. Der Grund, warum wir das nicht begreifen ist, weil die Vorstellung von Geld so tief in unserer Zivilisation verankert ist.

Geld ist eine der ältesten Technologien der Menschheit. Geld gab es vor der Schrift. Warum wir das wissen? Die allerersten Aufzeichnungen, die gefunden wurden, sind Kerbhölzer und Bücher, auf denen Schulden dokumentiert wurden. Wir können annehmen, dass Geldwerte mündlich übertragen wurden bis zu dem Zeitpunkt als es notwendig wurde, diese Information niederzuschreiben, also wurde die Schrift erfunden.

In der Geschichte des Geldes, die sich im Lauf von zehntausenden von Jahren entwickelt hat, gab es fünf große Veränderungen. Vom direkten Tauschhandel zur ersten Abstraktion von Werten - Muscheln, Federn, Perlen, Nüsse, Steine. Dann Edelmetalle, dann Papiergeld, dann Plastikkarten. Und jetzt Netzwerk-Geld. Bitcoin ist eine Plattform, auf der man Währung als eine Anwendung laufen lassen kann. Ein Netzwerk ohne zentrale Punkte die Kontrolle ausüben, ein System, das komplett dezentral ist wie das Internet selbst. Es ist kein Geld für das Internet, sondern *das Internet des Geldes.*

Geld ist eine Sprache

Noch einmal, was ist Geld? Geld ist eine Sprache, eine linguistische Abstraktion. Geld ist eine Sprache, die wir nutzen, um Werte untereinander zu kommunizieren. Geld erlaubt uns Werte auszudrücken, diese Werte können ökonomische, aber auch andere Folgen haben. Wir nutzen Geld, um soziale Bindungen, Verhältnisse und Zusammenhänge auszudrücken - um Organisation herzustellen.

Bitcoin ist das erste Geldsystem, das von niemandem kontrolliert wird und komplett dezentralisiert ist. Bitcoin führt für Geld ähnliche Dinge ein wie es das Internet für unsere Kommunikation tat. Wenn Geld Rede ist, wenn Geld Sprache ist, man es von allen anderen Medien entkoppelt und daraus reine Sprache macht, reinen Inhalt, einen Internet-Inhaltstypen, eine Protokoll Kennzeichnung, Geld über IP - dann kann das Konzept von Geld von den früheren Auffassungen, dass Nationen souveräne Ausgabestellen und Institutionen die Autoritätsfunktion innehaben sind, entkoppelt werden.

Wir bewegen uns von institutionsbasierendem Geld zu netzwerkbasierendem Geld.

Natürlich werden das Alle mit offenen Armen begrüßen, ja? Nein, keine Chance. Was glauben Sie wurde gesagt, als erstmals Gold-Zertifikate ausgegeben wurden anstelle einer Goldmünze? "Uh, das ist kein Geld! Geh weg!" Was glauben Sie, war die Antwort als 1950 zum ersten Mal jemand mit einer Diners Club Karte im Motel bezahlen wollte und sagte "Ich bezahle mit diesem Stück Plastik?" Die Antwort war: "Das ist kein Geld. Geh weg!"

Programmierbares Geld, exponentielle Innovation

Jetzt sind wir an der Schwelle zu einer neuen Geld-Transformation. Wir kreieren die erste vollständig globale, vollends grenzenlose, völlig dezentralisierte und komplett offene Geldform. Weil dieses Geld programmierbar ist, kann man damit Anwendungen bauen. Sie können Ihre eigenen Anwendungen auf dem Bitcoin Netzwerk starten und laufen lassen, ohne jemanden um Erlaubnis fragen zu müssen. Genauso wie Sie eine Webseite ohne Erlaubnis ins Internet stellen können. Die einzige Voraussetzung, um eine erfolgreiche Anwendung auf dem Internet des Geldes zu betreiben, sind zwei interessierte Teilnehmende - das ist ihr Marktsegment.

Was passiert, wenn eine Erlaubnis als Voraussetzung nicht mehr notwendig ist? Wenn man Innovation an die Grenzen der Möglichkeiten treibt? Eine exponentielle Explosion von Innovation. Anwendungen, die auf dem alten System nicht umgesetzt werden konnten - weil sie eine Erlaubnis brauchten, weil man ein großes Marktsegment brauchte, weil sie Adoption von sehr vielen brauchten, um überhaupt verfügbar sein zu können - all diese notwendigen Voraussetzungen sind jetzt verschwunden. Weltweit können alle Menschen eine Anwendung herunterladen oder selbst schreiben - oder ein Feature-Phone mit SMS verwenden - und sofort über dieselben Möglichkeiten verfügen, die Bank-Institutionen heute haben.

Personsein ist nicht mehr erforderlich

Wenn ich sage "alle", dann kratze ich nur an der Oberfläche, denn - es ist schon fast ironisch, programmierbares Geld kennt nicht nur keine Grenzen, es kennt auch keine Menschen. Es macht keinen Unterschied, ob Sie eine Person oder ein Kühlschrank oder ein selbstfahrendes Auto sind. Die gesamte Geschichte des Geldes lang erforderte der Besitz von Geld eine Person, der es gehörte. Entweder eine Einzelperson oder eine Gemeinschaft von Menschen in einer Organisation. Bitcoin kann von Maschinen besessen werden, Bitcoin kann von Software-Agenten besessen werden. Maschinen können einander bezahlen und bei diesen Zahlungen geht es nicht nur um ökonomische Aktivitäten. Sie sind die Basis für marktbasierende Sicherheitssysteme, die Basis um Verbindungen mittels Authentifizierung zwischen Geräten zu schaffen, die Basis neuer Applikationen, die niemals zuvor durchgeführt wurden.

Ein vereintes Geld-System

Bitcoin vereint Geld-Systeme. Wir haben heute Zahlungsmöglichkeiten für kleine und große Beträge. Wir haben Geld-Systeme für Zahlungen zwischen Individuen, für Zahlungen zwischen Unternehmen und Zahlungen zwischen Regierungen.

Erinnert sie das an etwas? So hat unsere Kommunikation vor dem Internet stattgefunden. Wir hatten Systeme für Bilder, für Briefe und Systeme für Kommunikation über kurze und weite Distanzen. Das Internet kam und hat das alles vereint. Das Internet des Geldes schafft ein einzelnes Netzwerk für alle Zahlungen von Mikrotransaktionen bis Gigatransaktionen - in Sekunden, weltweit, für alle Teilnehmenden, ohne Erlaubnis.

Konstruktion neuer Sprachen

Wenn man aber nur an Geld als Anwendung denkt, verpasst man das Wesentliche. Denn man kann die Sprache, die Bausteine dieser Plattform nehmen und sie nutzen, um weitere Sprachen, die Werte ausdrücken, zu konstruieren: Wertmarken, Treuepunkte, Markentreue-Münzen.

Derzeit gibt es über tausend digitale Währungen, die das Design, das Rezept von Bitcoin benutzen. Die meisten davon sind Müll, einige davon nicht. Im kommenden Jahrzehnt werden wir zehntausende und dann hunderttausende unterschiedlicher digitaler Münzen sehen. Manche werden ökonomischen Nutzen haben, manche werden nur Ausdruck von Loyalität oder Zugehörigkeit sein. Diese digitalen Münzen oder Wertmarken werden Dinge aus der physischen Welt repräsentieren: zum Beispiel das Eigentum an einem Haus oder der Schlüssel eines Fahrzeuges, der von Besitzer zu Besitzerin wechseln kann und die neue Besitzerin fünf Sekunden später mit dem Auto davon fahren kann, weil das Auto die neue Eigentümerin selbsttätig validieren kann. Wir können uns derzeit gar nicht vorstellen, welche anderen Anwendungen wir mittels dieser Plattform des Vertrauens noch bauen werden.

Mittels Geld induzierte soziale Beziehungen

Geld tritt spontan bei den sozialen Beziehungen unter Homo Sapiens auf. Sogar bei Primaten tritt Geld auf. Sie können Affen Geld lehren und sie werden beginnen abstrakte Wertmarken gegen Nahrung zu tauschen und damit soziale Beziehungen knüpfen. Die Tiere kommen dann auch auf die Idee, das Recht des Stärkeren anzuwenden und rauben andere Affen aus, nehmen ihnen Kugeln weg und essen ihre Bananen.

Kinder erfinden Geld. Im Kindergarten verwenden sie Bauklötze, Plastikbänder, Pokémon Karten und andere kleine Wertmarken-Abstraktionen, die Werte repräsentieren, die sie untereinander tauschen, um soziale Verbindungen zu stärken, Loyalität und Freundschaft auszudrücken und etwas über das Teilen zu lernen. In naher Zukunft werden Kinder Währungen bauen, bloß werden diese global, fälschungssicher und skalierbar sein - vom ersten Tag an. In ein paar Jahren wird Maria "MariaCoin" im Kindergarten gründen, um gegen "JoeyCoin" anzutreten. Das wird natürlich niemanden interessieren, bis Justin Bieber "JustinBieberCoin" startet, damit die Marktkapitalisierung von dreißig Ländern toppt. Wir werden verängstigte Kolumnen darüber schreiben, wie die Welt zugrunde geht.

Das Bankwesen hat sich für immer verändert

Was mit dieser Technologie passiert, ist erstaunlich tiefgreifend. Es ist für manche Unternehmen in diesem Bereich sicherlich beängstigend. Das Bankwesen war nie ein hoch innovativer Sektor. Es herrscht eine Balance zwischen Innovation und einem konservativen, treuhändischen Verhalten - das zwingend erforderlich ist - wenn man das Geld anderer Menschen kontrolliert. **Jedoch, mit Bitcoin kontrolliert man das Geld anderer nicht.** Bei Bitcoin kontrolliere *ich* mein Geld. Ich habe die komplette und vollständige Autorität über meine Bitcoins. Sie können weder beschlagnahmt, eingefroren oder zensiert werden. Meine Transaktionen können nicht abgefangen oder gestoppt werden. Ich kann fast anonym Überweisungen tätigen und das kann jede Person, fünf Minuten nachdem sie eine Bitcoin-Applikation heruntergeladen hat.

Die Vorstellung, dass man im Handel und in der Finanzindustrie mit der gleichen jahrhundertealten konservativen Einstellung weitermachen kann, die mit den Händlern in Venedig und Amsterdam begann, als erstmals Hinterlegungsscheine ausgegeben wurden und Bankdienste entstanden, ist vorbei. Sie können kein geschlossenes System mit Grenzen und Eintrittsbarrieren betreiben, das nur so innovativ ist, wie es die konservativste Kraft in ihrem Unternehmen erlaubt, denn nun sind Sie in einem Wettbewerb mit einer Technologie die exponentielles Wachstum ermöglicht, an den äußersten Rändern exponentieller Innovation - ohne eine Erlaubnis von irgendjemandem auf der Welt zu benötigen.

Uns alle von Banken befreien

Das Bankwesen ist für die privilegierte Elite. Wenn sie ein Broker-Konto online eröffnen und auf der Tokioter Börse innerhalb von zwölf Stunden mit Yen handeln können, dann gehören sie zur Elite - nur eineinhalb Milliarden Menschen haben dieses Privileg. Doch bei dieser Technologie geht es nicht um die Elite. Es geht um alle anderen. Von den anderen sechs Milliarden Menschen auf diesem Planeten sind vier Milliarden banktechnisch erheblich unterversorgt und bemerkenswerte zwei Milliarden besitzen überhaupt kein Bankkonto. Sie werden eine Entwicklungsstufe überspringen; sie werden niemals ein Bankkonto besitzen und sie sind nicht allein.

Die Kinder, die heute geboren werden, werden niemals ein Bankkonto besitzen.
Sie werden eine Bank *App* nutzen - keine Bank App die ihnen Zugang zu ihrem Bankkonto gibt, sondern eine Bank App, die Banker aus ihnen macht, internationale Banker über eine App.

Sie werden, bis sie sechzehn Jahre alt sind, kein Bankkonto bekommen, bis dahin hoffe ich, dass sie mindesten sechs, wenn nicht mehr Jahre Erfahrung mit digitalen Währungen gemacht haben. Ich würde sie gerne beobachten, wenn sie in eine Bank gehen und jemand erklärt ihnen, was "drei bis fünf Werktage" bedeutet.

Kinder, die heute geboren werden, werden vermutlich nie einen Führerschein machen, weil es selbstfahrende Autos geben wird. Sie werden auch nie Papiergeld benutzen, weil es bis zu ihrem richtigen Erwachsenenleben kein Papiergeld mehr gibt. Es wird genauso anachronistisch sein wie ein Fax-Gerät oder ein Pferd und Wagen für uns heute.

Exponentielles Wachstum auf Basis eines komplexen Rezepts

Milliarden Menschen Zugang zu geben, ist weltweite exponentielle Innovation. Die Menschen habe enorme Bedürfnisse und dieses System bietet eine Lösung. Aber das System ist noch nicht bereit: es ist noch im Entstehen, komplex und für die meisten Menschen noch unmöglich zu benutzen.

In 1989 schickte ich meine erste E-Mail. Dazu musste ich eine Version des Unix-Mailprogramms kompilieren mittels eines C-Compilers und Unix-Befehlszeilenfähigkeiten. Ich musste es in der Befehlszeile einrichten, meine E-Mail eingeben und diese E-Mail wurde übertragen über das großartige Internet in erstaunlichen *drei* Tagen. Zwanzig Jahre später konnte meine Mutter das gleiche mit einem Fingerwischen über das iPad machen.

Bitcoin und all die Währungen, die nach dem gleichen Rezept aufgebaut werden, sind in derselben Entwicklungsphase wie das Internet 1992. Der Unterschied ist, dass es das Internet bereits gibt, das heisst das exponentielle Wachstum hat bereits begonnen. Die Innovation reift in erstaunlichem Tempo. Ich verbringe jeden Tag in Vollzeit damit mit den Entwicklungen bei Bitcoin mitzuhalten und es ist fast unmöglich.

Das Geschenk finanzieller Autonomie

Unterschätzen Sie das nicht. Hören Sie nicht auf die Leute, die Ihnen sagen, dass Bitcoin nur für Pornographie, Terroristen, Drogendealer und Spieler ist. Erinnern Sie sich, genau dasselbe wurde über das Internet gesagt. Doch als zwei bis drei

Milliarden Menschen online gingen, haben wir erkannt, dass sie an diesen Dingen nicht interessiert sind und stattdessen Katzen Videos teilen, weshalb wir jetzt Milliarden Katzen Videos im Netz haben.

Wenn man digitale Währungen in die Allgemeinheit bringt und sie vier Milliarden Menschen zur Verfügung stellt, die bis dato von internationalen Finanzen und Handel isoliert sind - und ihnen die Möglichkeit gibt, ihr Geld vor Despoten und korrupten Banken, die von ihnen stehlen, zu schützen - gibt man ihnen die Möglichkeit ihre Zukunft zu bestimmen. Man gibt ihnen die Möglichkeit mit allen Menschen weltweit Geschäfte abzuwickeln und ihr Landeigentum mittels eines vollständig transferierbaren digitalen Tokens, der überall erkannt wird, zu besitzen. Sie erhalten die Kontrolle über ihre Finanzen, die weder beschlagnahmt, eingefroren oder zensiert werden können. Sie werden Nahrung, Gesundheits- und Sanitätsprodukte kaufen, Bildung konsumieren und einen Zufluchtsort bauen, weil das ist, was Menschen machen.

Den mit Bankdienstleistungen unterversorgten und überhaupt banklosen Menschen kann diese Technologie nicht verwehrt werden. **Das Internet des Geldes wurde am 3. Januar 2009 gestartet. Diese Sprache, diese Währung, diese Welle der Innovation kommt.** Sie kommt schneller als Sie es sich vorstellen können. Sie ist tiefgreifender als Sie es erforschen können. Sie ist ausgeklügelter als Sie unmittelbar verstehen können. Es braucht Jahre des Erforschens, um alle Implikationen sehen zu können.

Es ist ein Geschenk für die ganze Welt, die sechstgrößte Innovation im Geldwesen, der ältesten Technologie unserer Zivilisation.

Danke schön.

Kapitel 2 - Blockchain oder Bullshit

Blockchain Afrika Konferenz im Focus Rooms; Johannesburg, Südafrika, März 2017

Video-Link: https://youtu.be/SMEOKDVXlUo

Großartigste Technologie oder großer Hype?

Vor einigen Jahren hieß diese Konferenz "Bitcoin Konferenz", jetzt ist es die "Blockchain Konferenz". Nächstes Jahr ist es vermutlich die "DLT Technologie Konferenz" und danach die "Datenbanken-inspirierte-aber-mittlerweile-überhaupt-nichts-mehr-mit-Blockchain-zu-tun-habende Konferenz." Es ist eine interessante Veränderung und wie Sie sehen werden, ist sie relevant für unsere heutige Diskussion.

Lassen Sie uns anfangen. Was ist hier eigentlich los? Ist dies die größte technologische Innovation und Explosion der Innovation seit des mobilen Internets? Vielleicht auch seit dem Internet selbst? Oder ist das der allergrößte Hype in der Geschichte der Technologie, den es jemals rund um eine Technologie gegeben hat? Beides, und tatsächlich ist dies charakteristisch für fortgeschrittene Technologien.

Ich sage oft, dass Bitcoin und die anderen offenen Blockchains in ihrer Entwicklung heute da sind, wo das Internet im Jahr 1992 war - und zwar bezüglich Technologie, bezüglich Infrastruktur Aufbau und bezüglich des Annahmemusters. Doch während die Technologie dem Stand von 1992 entspricht, ist *der Hype* um "Blockchain" genau dort, wo der Hype um das Internet 1998 war. Und sie wissen, was bald passieren wird. Es wird ein Gesundschrumpfen geben.

Wenn sich das Wasser zurückzieht, sieht man, wer am Strand keine Badekleidung trägt. Sie werden nackt dort stehen. Das wird im Blockchain-Space passieren. Es wird mit einer Menge Bullshit hausieren gegangen, zu den Wagniskapitalgebern, zu den Investoren, bei "Initial Coin Offerings" oder ICO Käufern, zu uninformierten Privatinvestoren. Es gibt eine Vielzahl an Investmentbetrug und Pyramidenspielen. Es gibt viele leere Versprechungen. Es gibt auch viel business-as-usual, das als Innovation verkauft wird, verkleidet als disruptive Technologie.

Sicherheitsbewusstsein und angewandte Kryptographie

Wir sind an diesem speziellen Zeitpunkt angelangt, an dem die Basistechnologie wirklich massiv disruptiv und innovativ ist. Der Umfang an Forschung, der in der angewandten Kryptographie gerade stattfindet, ist beispiellos. **Wir stehen vor der größten Verbreitung von asymmetrischer Kryptographie im zivilen Leben,**

weil sich herausgestellt hat, dass Menschen ihre kryptographischen Schlüssel nur dann entsprechend schützen, wenn Werte damit verbunden sind. Niemand bringt sich Kenntnisse über Sicherheit schneller bei als jemand der Bitcoin auf einem Windows Rechner gespeichert hat.

Der Besitz von Bitcoin ändert rasch ihre Einstellung zu Sicherheitsmaßnahmen. Vor Bitcoin haben Sie sich nicht um die Sicherheit ihrer Fotos gekümmert; manche nicht einmal beim Umgang mit ihren sexy Fotos! Sie haben sich nicht um ihren Standort oder die Tatsache gekümmert, dass alles was Sie tun aufgezeichnet wird. Es war Ihnen egal, dass Sie Ihr gesamtes Leben auf Facebook ausbreiten. Sie benutzten das gleiche Passwort, "Passwort1234", auf siebzehn verschiedenen Webseiten. Sie wussten nicht, was Zwei-Faktor-Authentifizierung ist.

Dann kam Bitcoin. Plötzlich befinden Sie sich auf einer steilen Lernkurve und werden jeden Tag besser. Jetzt erklären Sie ihrem Freundeskreis, was Zwei-Faktor-Authentifizierung ist und Sie denken mit Schrecken an Ihre früheren, schlechten Sicherheitsmaßnahmen zurück. Die Sicherung von Wert hat eine einzigartige Fokussierung Ihrer Gedanken auf Sicherheitsaspekte zur Folge.

Diese Technologie treibt diese Welle an Sicherheitsbewusstsein voran. Sie ist Auslöser für die unglaubliche Fülle an Forschung in angewandter Kryptographie, die es vorher nicht gab. Manche von Ihnen sind vermutlich technisch sehr versiert. Sie sind in Informatik involviert. Sie sehen, was hier gerade passiert.

Niemand glaubte daran, dass wir Schnorr-Signaturen anwenden würden. Niemand dachte, dass wir uns elliptische Kurvenanwendungen ansehen. Niemand dachte, dass wir Ring Signaturen und Bereichsbeweise für vertrauliche Transaktionen anwenden. Der Stand des Schutzes der Privatsphäre und der Anonymität entwickelt sich rasend schnell. Wir bauen eine komplett neue kryptographische Welt - das ist angewandte Kryptographie im größten kryptographisch gesicherten Netzwerk, das die Welt je gesehen hat.

Das ist nicht "business-as-usual." Das ist hoch disruptiv.

Blockchain ist NICHT die Technologie hinter Bitcoin

Dem Hype ist diese große Aussage entsprungen, "Blockchain ist die Technologie hinter Bitcoin." Das ist falsch. Blockchain ist eine der vier fundamentalen Technologien (Blockchain, Proof-of-Work, Peer-to-Peer Netzwerk und Kryptographie) hinter Bitcoin. **Blockchain kann nicht alleine stehen.** Aber das hat niemanden davon abgehalten, genau das zu erzählen und zu verkaufen.

"Blockchain" ist Bitcoin mit einer schicken Frisur und im Anzug, in dem man vor dem Management auftanzt. Dadurch kann man eine gecleante, reine, angenehme

Version von Bitcoin jenen Leuten präsentieren, die zuviel Angst vor der wirklich disruptiven Technologie haben. Wir haben diesen sehr eigenartigen Zustand erreicht, in dem Wörter keine Bedeutung mehr haben.

Können Sie "Blockchain" definieren? Ich glaube, einige Menschen in diesem Raum können es vermutlich. Die wirkliche Herausforderung ist: können Sie "Blockchain" so erklären, dass die Erklärung - auch nach dem Ersatz des Wortes "Blockchain" durch "Datenbank" - noch sinnvoll ist? Denn das ist die wirkliche Herausforderung: wenn das, was Sie tun, eine Datenbank mit Signaturen ist, dann ist es uninteressant. Es ist langweilig.

Der Kern von Bitcoin: Vertrauen revolutionieren

Was ist das Bedeutsame an Bitcoin? Es ist nicht die Blockchain. **Im Kern ist es die Möglichkeit auf dezentrale Weise handeln zu können, ohne jemandem vertrauen zu müssen.** Das wirklich Wichtige ist, dass wir Software nutzen können, um unabhängig und zuverlässig alles selbst verifizieren zu können - ohne eine Autorität wie eine Behörde oder ein Unternehmen fragen zu müssen.

Bei Bitcoin vertrauen Sie den anderen Knoten im Netzwerk nicht. Sie gehen davon aus, dass sie lügen. Sie vertrauen den Minern nicht. Sie vertrauen den Menschen, die die Transaktionen erzeugen, nicht. Sie vertrauen einzig und allein dem Ergebnis Ihrer eigenen Überprüfung und Verifizierung. Dadurch beginnen Sie etwas wichtigerem zu vertrauen: dem Netzwerk-Effekt.

Dezentrale Sicherheit durch Berechnung

Bitcoin hat das Konzept der dezentralen Sicherheit auf Basis von Berechnungen eingeführt und das ist uns noch nicht bewußt. Bitcoin steht für ein neues Sicherheitsmodell. Es ersetzt das in konzentrischen Kreisen angelegte Sicherheitsmodell von Zugriff und Kontrolle durch eine zentrale Instanz mit einem von innen nach außen gehenden, für alle offenen und zugänglichen Sicherheitssystem. Dieses Sicherheitsmodell basiert auf den Kräften des Marktes und der Spieltheorie.

Es ist das erste marktbasierende Sicherheitsmodell, in dem eine Abfolge von Anreiz und Strafen das Endergebnis manifestiert: wir können der Plattform selbst vertrauen, als neutrales Schiedsgericht, das von niemandem kontrolliert wird, ohne dritte Parteien, ohne Vermittler.

Bitcoin revolutioniert *Vertrauen*.

Offene Blockchains

Ich nutze die Bezeichnung "offen", um über *offene* Blockchains zu sprechen, womit Anwendungen gemeint sind, die es ermöglichen, ein dezentrales System, in dem niemandem vertraut wird, ohne Intermediär zu nutzen. Denn *das* macht die Disruption aus. *Das* ist das Wesentliche an dieser Technologie.

Diese Kerneigenschaft existiert in manch anderen Systemen neben Bitcoin. Zum Beispiel nutzt Ethereum diese Eigenschaften für die Anwendung von Smart Contracts. Die Smart Contracts funktionieren nur, wenn man niemandem vertrauen muss, dass der Smart Contract korrekt ausgeführt wird. Das ist nur möglich, weil sich alle in offener Art und Weise beteiligen können, um Informationen unabhängig zu verifizieren und Zugang zum darunterliegenden Konsensmechanismus haben.

Eigenschaften von Netzwerken des Vertrauens

Diese Eigenschaften begründen die Kraft dieser Blockchain Technologien:

Offen. Das ist das Schlüsselwort.

Grenzenlos. Es gibt keine Grenzen.

Länderübergreifend. Es geht nicht mehr um Nationalstaaten; es geht hier um netzwerk-zentriertes Vertrauen. Ohne dritte Parteien ist das Netzwerk die Partei, der wir vertrauen, aber nur wenn wir alles verifizieren.

Neutral. Es dient keinen Zielen irgendwelcher Unternehmen oder Organisationen. Es folgt den Konsensregeln neutral; alle folgen den Konsensregeln neutral. Es gibt keine "guten" oder "schlechten" Transaktionen, keine "wertvollen" oder "Spam" Transaktionen, keine "autorisierte" oder "unautorisierte" Transaktion, keine "legale" oder "illegale" Transaktion. In diesem Systemen gibt es nur gültige oder ungültige Transaktionen auf Basis der Konsensregeln. Es ist gleichgültig, wer Sender und wer Empfängerin ist, welche Höhe der Wert, das Asset hat oder welcher Art der Smart Contracts ist, der ausgeführt wird. Neutralität, radikale Neutralität.

Zensurbeständig. Damit das System offen, grenzenlos, länderübergreifend und neutral sein kann, muss es im Stande sein, diese Eigenschaften zu schützen und zwar gegen jeden Akteur - oder sogar mehrere konspirative Akteure - der Transaktionen zensurieren, zerstören, schwärzen, beschränken, beschlagnahmen oder einfrieren möchte oder Nutzer oder Länder nicht an diesem Netzwerk teilnehmen lassen will.

Dies sind die wichtigen Eigenschaften dieser neuen, offenen, dezentralen Systeme des Vertrauens, die nicht von Institutionen abhängig sind.

Ist es eine Blockchain oder Blödsinn?

Ich möchte Ihnen gerne ein Set von Kriterien mitgeben, das Sie verwenden können, wenn Ihnen etwas präsentiert wird - um darin zu investieren, einen Job anzunehmen oder sich zu engagieren - das als "Blockchain" oder "distributed Ledger" oder mit einem der anderen entstandenen Begriffe bezeichnet wird. Woher wissen Sie, ob es eine Blockchain oder Blödsinn ist?

Beide Wörter fangen mit einem *B* an, aber was ist der Unterschied?

- Wenn Sie das Wort "Blockchain" mit "Datenbank" ersetzen und sich die Info-Broschüre genauso liest, ist es alles wie gewohnt ("business-as-usual").

- Wenn es nicht dezentralisiert, grenzenlos, neutral, zensurbeständig oder offen ist, dann ist es keine Innovation.

- Wenn das Vertrauen in Intermediäre eine Rolle spielt, ist es nur eine Datenbank und das ist nicht disruptiv.

Die Idee, dass wir diese Technologie verwenden um die Gewinnspannen zentraler Institutionen zu erhöhen, damit sie ihr business-as-usual fortführen, ist meiner Meinung nach verabscheuungswürdig. Aber das ist ein hartes Wort. Es ist einfach langweilig - wirklich, wirklich langweilig. Niemand arbeitet in diesem Bereich, um letzten Endes ein paar Milliarden Gewinn für eine Verrechnungsstelle im Finanz-Dienstleistungsbereich zu erwirtschaften. Wenn Sie das getan haben, dann tut es mir wirklich leid, aber das ist langweilig.

Was wirklich großartig ist, ist die Möglichkeit die Art wie wir unser Vertrauen auf diesem Planeten verteilen fundamental zu ändern - wir bekommen die Möglichkeit weltweit mit Jeder und Jedem zu kollaborieren, uns auszutauschen und uns zu beteiligen.

Bloß durch das Herunterladen einer Applikation werden sie Teil einer riesigen Plattform des Vertrauens, die sich nicht darum kümmert, wer Sie sind oder wo Sie herkommen und bei der es keine Erlaubnis braucht, um sich zu beteiligen oder zu innovieren. Hier hat eine zwölfjährige JavaScript Programmiererin denselben Einfluß und Macht wie JPMorgan Chase - mehr sogar, weil die zwölfjährige auf Open-Source Basis arbeitet und damit eine Gemeinschaft der Zusammenarbeit fördert, die einen Tsunami an Innovation kreiert.

Genehmigte verteilte Kontenbücher

Diese Technologie zu verwenden, um zentrale Institutionen zu stärken und ihren Gewinn zu steigern, ist langweilig. Das ist keine Blockchain, das ist nur eine

Datenbank. Es ändert nichts. Dieses Modell birgt sogar ziemlich beunruhigende Möglichkeiten.

Wie Distributed Ledger Systeme wirklich funktionieren

Lassen Sie uns kurz darüber nachdenken. Die häufigst genannte Anwendung dieser neuen "Distributed Ledger Technologies", oder DLTs, ist es die Funktion einer zentralen Clearing-Stelle durch ein Konsortium an n Teilnehmern zu ersetzen, wo n zwei, drei, vier, fünf oder zehn bekannte, zugelassene, kontrollierte Teilnehmer sind, die Transaktionen sortieren und signieren - aber nicht durch die Kräfte des Marktes wie es das Sicherheitsmodell bei Bitcoin ist.

Bei DLTs wird die Währung entfernt, der markt-basierenden Mechanismus, der die Sicherheit herstellt. Es wird der Proof-of-Work entfernt, weil er verschwenderisch ist - alles was man damit machen kann, ist ja bloß eine dezentrale, sichere, neutrale, unzensurierbare Blockchain. Es wird die Offenheit entfernt und man vertraut zum Beispiel fünf bekannten Parteien, die die Transaktionen auf Basis, der von ihnen selbst festgelegten Regeln, signieren.

Soweit gekommen, müssen gar keine Transaktionen mehr in Blöcke geschoben werden. Es können einfach einzelne Transaktionen signiert werden; sie müssen nicht ineinander verkettet werden, denn ohne Proof-of-Work und ohne ein System von währungsspezifischen Anreizen, ist eine Veränderung sowieso leicht durchführbar. Es gibt keine Unveränderbarkeit. Es ist keine Blockchain mehr, denn es gibt keine Blöcke und es gibt keine Kette.

Das ist eine technische Betrachtung, lassen Sie uns einen wichtigeren Part ansehen: was passiert, wenn eine Clearingstelle durch ein Konsortium an Teilnehmern mit Eigeninteressen ersetzt wird.

Dem Kartell vertrauen

Clearingstellen, die Transaktionen zwischen Banken validieren, tragen mehr bei als nur die Transaktionen zu "clearen". Eines der wesentlichsten Merkmale einer Clearingstelle ist, dass sie *keine* Markt-Teilnehmerin ist. Sie hat nichts zu gewinnen und nichts zu verlieren. Die New Yorker Börse handelt nicht aktiv. Das ist kein Zufall; das nennt man "**Trennung der Belange**".

Die Clearingstelle ist eine unabhängige Partei mit Aufsicht und keine Marktteilnehmerin. Wenn man die unabhängige Partei entfernt und sie durch fünf Marktteilnehmer ersetzt, die alle "skin in the game" haben, wie soll dann die Integrität sichergestellt bleiben, wenn der Anreiz zu betrügen, vertrauliches Wissen auszunutzen, den Markt zu manipulieren und die Konsensregeln zu brechen - sogar gegen die Interessen der anderen vier Parteien - so hoch ist? Es gibt keinen Anreiz, sich an die Konsensregeln zu halten. Im Wesentlichen sagen sie: "Vertrauen Sie uns, wir sind ein Konsortium."

"Vertrauen Sie uns?" Diesen fünf Banken? Wo waren sie 2008? Wo waren sie als der LIBOR fixiert wurde? Wo waren sie als die Goldmärkte fixiert wurden? Wo waren sie als der Hochfrequenzhandel und das Ausnutzen fremder Informationen dieses Monster an Spießgesellen-Kapitalismus schuf? "Vertrauen Sie uns"? Sicher nicht!

Die Clearingstelle entfernen und ersetzen durch… Was war das Wort? Es ist nicht Konsortium. Ah ja, *Kartell*, das ist das Wort! Die Clearingstelle ersetzen durch ein Kartell der gleichen Markt-Macher, die jeden Markt in der Geschichte manipuliert und ihm Schaden zugefügt haben und dies auf eine intransparente Art und Weise. Das ist kein Rezept für Effizienz, Unveränderbarkeit, Sicherheit oder Transparenz. **Das ist keine Blockchain, das ist Blödsinn — sehr profitabler Blödsinn.** Es setzt voraus, dass Sie Vertrauen in das Spiel haben. Ein betrügerisches Spiel, wie wir wissen.

Seien Sie vorsichtig. Wenn aus dieser Technologie - deren fundamentaler Nutzen es ist, Intermediäre, denen man vertrauen muss, zu entfernen und durch ein offenes, grenzenloses, neutrales System zu ersetzen - ein Werkzeug für eine Bande nicht vertrauenswürdiger sogenannter "trusted Parties" mit dem Ziel die Märkte zu manipulieren, gemacht wird, dann wird es ein Disaster geben. Und es wird passieren.

Ein kleiner Trost für mich ist, dass ihre privaten Schlüssel an die Öffentlichkeit gelangen werden. In einem zentralisierten System muss perfekte Sicherheit herrschen. Niemand von denen hat das jemals zustande gebracht. Alle Unternehmen, die an dieser tollen neuen business-as-usual Welt beteiligt sind, wurden dutzende Male gehackt, geleaked und verraten. Sie können Information nicht sicher verwahren, niemand kann das! **Der ganze Sinn einer dezentralen Blockchain ist, dass man die Information nicht sicher verwahrt; man verteilt sie, so dünn, dass es keine Möglichkeit gibt, sie direkt zu attackieren. Das macht sie so sicher.**

Was wird passieren, wenn Information unter fünf Teilnehmern konzentriert verteilt wird? Ich kann kaum auf den von Anonymous und WikiLeaks gemeinsam erstellten Datenbankauszug der Wall Street Titanen und deren zentralen Informationen jeder einzelnen Transaktion, die sie je getätigt haben, warten. Ich freue mich schon darauf, es wird lustig. Und es *wird* passieren.

Die wahren Möglichkeiten

Die Menschen beobachten diesen Markt. Sie suchen und greifen nach etwas in der Dunkelheit. Bei einer neuen, disruptiven Technologie kann man die Grenzen nicht erkennen. Es ist, als ob man in einem dunklen Raum herumstolpert. Da drinnen versteckt sich irgendwo ein Milliarden-Unternehmen; da drinnen befindet sich irgendwo eine Möglichkeit. Sie müssen herausfinden, auf welchen Märkten die neuen weltverändernden Möglichkeiten entstehen, die Einfluß auf die Menschheit haben werden.

Entrepreneure und Unternehmerinnen sehen die Probleme anderer als Möglichkeit. Als Journalisten 1997 über "das Versagen des Internets" schrieben, weil man nichts finden konnte, begannen Larry Page und Sergey Brin Dinge zu finden und gründeten ein Multimilliarden-Unternehmen, das auf dem Lösen des Suchproblems aufbaute.

Es gibt unlösbar scheinende Probleme bei der öffentlichen, dezentralen, offenen, transparenten, neutralen, zensurbeständigen, globalen, vertrauenslosen Netzwerk-Plattform namens Blockchain. Diese Blockchains - Bitcoin, Ethereum und viele andere offene Systeme - sind dabei ihre Nische zu finden.

Die drei Bausteine zum Erfolg

Wo sind diese Märkte? Es gibt drei Bausteine auf dem Weg zum Erfolg in dieser Industrie. Der erste ist, einen rentablen Markt zu finden. Man muss im Dunkeln stöbern, um etwas Sinnvolles zu finden. Oft findet man leider nichts. 1998 errichtete "Pets.com" ein E-Commerce Imperium für Tierbedarf. Es war zu früh. Es gab noch keinen Markt dafür.

Vor "Peapod" lieferte der online Händler "Webvan" Güter des täglichen Bedarfes in San Francisco aus. "Webvan" scheiterte miserabel. War das der richtige Markt? Vielleicht, aber es war die falsche Zeit. Das ist der zweite wichtige Baustein: der richtige Zeitpunkt. Man kann eine Idee haben, die zu einem bestimmten Zeitpunkt ein Vermögen Wert ist und trotzdem ein Jahrzehnt falsch liegen.

Jetzt der wichtigste Faktor: die Reihenfolge. Das ist die Voraussetzung. Warum ist Facebook nicht 1992 entstanden? Wir hatten noch keine dichte Internet-Adoption. Wir hatten keine Mobiltelefone, die permanent mit dem Internet verbunden waren. Wir hatten nichtmal permanentes Internet zu Hause. Wir hatten kein dichtes soziales Netzwerk, um uns mit den Menschen die wir kennen auszutauschen, denn die Leute, die wir kannten hatten wenig oder gar keinen Zugang zu E-Mail. Man kann kein komplexes System bauen, das von einem dichten Beziehungsnetz zwischen Vielen abhängig ist, wenn der Markt noch darauf fixiert ist, Anwendungen für eins-zu-eins Beziehungen geringer Dichte zu liefern.

Um ein Beispiel aus der Wissenschaft zu verwenden, es ist als ob man Wasserstoff direkt mit Kohlenstoff verschmelzen will. Das funktioniert nicht. Zuerst kommen Helium, Lithium, Beryllium und es ist ein weiter Weg, Sie müssen weiterhin Stoffe zusammenfügen, solange bis genug Dichte herrscht, um spannende Dinge wie in der organischen Chemie machen zu können.

Der Punkt ist, wir können keine anspruchsvollen Anwendungen für das Eintragen von Eigentum im Grundbuch oder das Wählen über Blockchain oder für den Einzelhandel in großem Umfang bauen. Es können keine Geschäftsbeziehungen zwischen Einzelnen in einem engen Markt abgebildet werden. Es ist nicht möglich Point-of-Sale Handel mit diesen Systemen durchzuführen. *Bis jetzt.* Die interessanten Marktanwendungen können derzeit noch nicht umgesetzt werden. Der Grund ist, dass es noch nicht genug Liquidität gibt, zu wenig User/innen und zu wenig Verbreitung. Die Benutzeroberflächen sind schlecht und die Anwendungen in den Kinderschuhen. Das heisst nicht, dass diese Dinge nicht kommen werden. Nur, dass das *nicht* dieses Jahr passieren wird.

Den Kinderschuhen entwachsen

Damit Menschen genug Vertrauen haben, um ihr Haus-Eigentum in ein Grundbuch auf einer Blockchain einzutragen, muss diese Blockchain fähig sein nicht Milliarden, sondern Billionen an Dollar in Vermögenswerten zu sichern. Dazu ist Liquidität und Infrastruktur notwendig. Die Verbreitung muss hoch sein. Niemand wird Transaktionen, die man vielleicht zweimal im Leben tätigt, durchführen, wenn man diese Transaktionen nicht auch täglich anwendet.

Massenhafte Verbreitung braucht Zeit. In den ersten fünfzehn Jahren des Internets war die einzige Anwendung der Versand von E-Mails; erst als alle E-Mail verwendeten, verwenden mussten auch im Beruf, entstanden Anwendungen auf der zweiten Ebene, die dann die Verbreitung verdichteten.

Währungen sind das E-Mail der Blockchains. Zahlungen sind die grundlegende Infrastruktur, die eine dichte Verbreitung ermöglichen wird. Es ist sehr verlockend zu sagen, "Hier geht es um mehr als Geld!" Ja, stimmt, auf lange Sicht gesehen. Die Vision für diese Technologie reicht weit über Geld hinaus, aber die Umsetzung davon ist zuerst von der Umsetzung des Geld-Teiles abhängig. Dies bringt die Sicherheit. Dies bringt die Umlaufgeschwindigkeit, die Liquidität, die Infrastruktur. Dies finanziert das gesamte Ökosystem.

Wenn wir letztendlich diese Services den Menschen zur Verfügung stellen, wird es nicht darum gehen, dass sie ein Bankkonto eröffnen können. **Es geht nicht darum, jenen ohne Bankkonto ein Bankkonto zu ermöglichen; es geht darum uns alle von Bankkonten zu befreien.**

Vielen Dank.

Kapitel 3 - Fake News, Fake Geld

Silicon Valley Bitcoin Meetup im Plug and Play Tech Center; Sunnyvale, Kalifornien; April 2017

Video-Link: https://youtu.be/i_wOEL6dprg

Die Produzenten der Fake News

In letzter Zeit war der Ausdruck "Fake News" oft in den Medien. Anschuldigungen schwirren nur so durch den Raum. Die alteingeführten Medien - die **New York Times**, die **Washington Post** - zeigen mit dem Finger auf "diese Fake News Produzenten", vorwiegend online Medien. Und die online Medien deuten mit dem Finger zurück und rufen, "Erinnern sie sich an Judith Miller?" "Es gibt Massenvernichtungswaffen mit Aluminium-Rohren im Irak!" "Blödsinn!". Fake News gibt es auf beiden Seiten.

Gut etablierte Medien mit Autorität und Vertrauen, wie die New York Times und die Washington Post oder sogar CNN, Fox News und andere TV-Sender wie CBS und ABC bejubeln einen Krieg, der auf falschen Fakten basiert - erst letzte Woche wieder! Diesmal nicht im Irak, diesmal in Syrien. Haben wir etwas gelernt? Nein, wir haben gar nichts gelernt.

Wie ist das passiert? Wie sind wir in eine Lage gekommen, in der man nicht mehr weiß, was wahr oder unwahr ist? Warum führen wir diese Debatte über Fake News? Teilweise hat es mit dem Aufkommen des Internets in den frühen 1990er Jahren zu tun.

Der Tod des Fakten-Checks

Das Internet war zu Beginn nicht disruptiv und hat den Zeitungen und TV-Sendern die Zuseher/innen nicht weggenommen; das kam viel, viel später.

Zu Beginn zerstörte das Internet die profitabelsten Einnahmequellen. Bei den Zeitungen waren das die Anzeige- und Werbeschaltungen. Damit haben sie am meisten verdient, an den Werbeeinnahmen der Klein- und Mittelbetriebe und der Anzeigensektion. Das Internet kam und Seiten wie Craigslist unterminierten das gesamte Geschäftsmodell. Jetzt kann man fast alles kostenfrei machen und es geht viel schneller. Boom! Plötzlich versiegt die beste Einnahme-Quelle und die Zeitungen müssen sich anpassen.

Das gleiche passierte beim Fernsehen. Man verlor Werbeeinnahmen an die neuen populären Webseiten, die mehr Interesse hervorriefen. Zuerst gingen die kleinen und mittleren Werbekunden verloren, die auf den Webseiten viel gezielter spezifische Gruppen bewerben konnten, weil dort detailliertere Informationen zur Verfügung standen. Fernsehen ist ein Ein-Weg-Medium; man hat keine Ahnung, wer zusieht. Durch die gezielten Werbemöglichkeiten im Internet verlor das Fernsehen Einnahmen.

Was war ihre Reaktion? Sie begannen zu sparen. "Journalisten? Brauchen wir nicht wirklich. Keine Auslandsstelle, weg damit. Investigativer Journalismus? Weg damit. Wie verkauft man mehr Zeitungen? Mit dem Horoskop, unterhaltsamer Information, Cartoons und Sensationsnachrichten. Je mehr Blut fließt, desto höhere Klickzahlen."

Der unvermeidliche Abstieg der Nachrichtenindustrie begann. Sie haben ihre Auslandskorrespondenz, den investigativen Journalismus, das Fakten checken ausgehöhlt und die Anzahl der Redakteur/innen gesenkt. Geblieben sind eine Handvoll an Praktikant/innen, die herumlaufen, Pressemeldungen mächtiger Organisationen kopieren und sie als Fakten präsentieren und wenn jemand scheinbar Wichtiger etwas sagt, dann wird es notiert, nicht hinterfragt und als Wahrheit veröffentlicht.

Zitate und Quellen der Wahrheit

"Fake News" sind entstanden, weil den Institutionen, die für die Wahrheit zuständig waren, die Basis entzogen wurde. Dadurch ist eine eigenartige Situation entstanden, woher wussten wir vor der "Fake News" Ära, ob etwas wahr ist? Naja, wenn es in der **New York Times**, der **Washington Post** und auf **CBS** war, dann haben die die Fakten gecheckt, also musste es wahr sein.

Die Grundlage für die Entdeckung der Wahrheit war die Berufung auf die Quelle. Wenn Sie einen Aufsatz auf der Hochschule schreiben, würde Ihre Professorin fragen, "Worauf basiert Ihr Argument? Wo sind die Zitate? Zeigen Sie mir die Fakten?" Wenn Sie die Überschrift eines Artikels aus der **New York Times** heranziehen, würden Sie sagen, "Gut. Das ist ein Zitat einer glaubwürdigen Quelle."

Wir beurteilten die Qualität einer Nachricht nach *der herausgebenden Stelle*. Die Qualität einer Nachricht betrachteten wir nach dem Ansehen *der Institution*, von der sie kam, da dies erfahrungsgemäß eine gute Methode war. Sie gab uns ein gutes falsch-positiv, falsch-negativ Verhältnis. Es war eine Wette. Es war eine Art zu sagen, "Ich kann all diese Fakten nicht selbst überprüfen, aber diese Leute haben das getan. Wenn ich es lese, bilde ich mich nicht nur, sondern erhalte auch Informationen."

Wie auch immer, wir sind jetzt in der Situation, dass jene Menschen, die am längsten Fernsehen und Zeitungen lesen, der *schlechtest* informierte Teil der Wählerschaft sind. Wie ist das passiert? Die Institutionen gibt es immer noch. Ihre Autorität gilt noch bei Einigen. Das grundlegende Vertrauen ist noch da. Sie besitzen immer noch große Gebäude, sind weit verbreitet und tragen bekannte Namen. Aber der Mechanismus nach dem Wahrheit geliefert wurde, ist verschwunden. Der qualitätssichernde Mechanismus ist weg oder ausgehöhlt worden.

Wie ist die Reaktion darauf? "Wir bemühen uns mehr"? Nein. Sie zeigen mit dem Finger auf das Internet und rufen, "Ihr seid Fake News!"

Zugegeben, viele Inhalte im Internet sind Fake News, weil es dort nie diese wahrheitsproduzierenden Mechanismen gab. Aber das Internet, in dem es diesen Mechanismus nie gab und die Zeitungen, die diesen Mechanismus nicht mehr haben, produzieren jetzt Wahrheit auf ähnlichem Niveau. Ab und an wird auf irgendeinem Blog eine unglaubliche Geschichte veröffentlicht und niemand bemerkt es. Es ist die Wahrheit und beginnt im Netzwerk zu kursieren. Ab und an fallen die traditionellen Institutionen der Wahrheit auf die Nase und liefern uns Blödsinn, verpackt mit schönem Namen.

Das Ergebnis ist, dass sich die Menschen fragen, ob sie überhaupt noch irgendetwas glauben sollen.

Der Mechanismus der Wahrheitsfindung

Was sind unsere Möglichkeiten? Was tun wir jetzt? Müssen wir jeden Fakt selbst checken? Müssen wir in unser kritisches Denken eine Fakten überprüfende Stelle einbauen, die die Institutionen gefeuert haben? Wie evaluieren wir jedes Wissensstück als Fakt oder Fake News?

Nun, es gibt eine *einfache* Möglichkeit. Wenn die hochgeschätzte Führung der eigenen politischen Partei sagt es ist Fake News, dann ist es Fake News. Wir lagern den Faktencheck an die Gruppe, zu der wir gehören aus. Wir übernehmen die Meinung der Gruppenführung. Wenn die Gruppenführung sagt, die anderen lügen, dann lügen sie. Das passiert bei Bitcoin auch. Stammesdenken ist Teil der menschlichen Natur. Das wirklich Interessante daran ist, dass ich denke, dass das, was gerade mit den Nachrichten passiert ist - woraus eine ganze Generation von Menschen entstanden ist, die nicht fähig ist, Wahrheit und Fiktion zu unterscheiden und dadurch leicht durch Propaganda zu manipulieren ist - auch mit Geld passieren wird.

Die Illusion von Wert

Woher wissen Sie, dass Geld etwas wert ist? Diese Frage wird mir bei jedem Seminar über Bitcoin gestellt, üblicherweise von einer Person, die neu beim Thema Bitcoin ist. Sie sagen, "Aber Bitcoin ist durch nichts gedeckt. Das Ding, das ich in meiner Tasche habe, da steht oben: Nationalbank von sowieso. Es wird vom Staat / Königin / König / Parlament / Bruttoinlandsprodukt meines Landes oder durch das Gold, das in den Tresoren hinterlegt ist, gedeckt."

Es gibt kein Gold in den Tresoren! Viele Leute glauben immer noch, dass es Gold in den Tresoren gibt. Es ist ein weit verbreiteter Irrtum. Der Großteil unseres Verständnisses von Geld stammt aus Mythen. Dies hat sich nur ein Stück weit vom Mythos über den Weihnachtsmann entfernt. Wir leben in dieser konstruierten Fantasie über Geld, die uns als Kind vermittelt wurde. Wenn wir als Erwachsene Ungereimtheiten entdecken, reparieren wir diese provisorisch, damit sie bestehen bleiben. **Wir versuchen, die Illusion zu bewahren.** Ein Teil davon ist, dass wir die absurde Idee "es gibt Gold in den Tresoren" annehmen.

Den Glauben verlieren

Wir hatten Erfahrung gemacht. Die Erfahrung war: wenn eine stabile, demokratische Regierung auf Basis allgemeiner freier Prinzipien die Wirtschaft vernünftig managed und sagt, das Geld hat Wert, dann hat es Wert.

Das ist eine gute Erfahrung. Daher müssen wir nicht jede Banknote, die in unsere Hände gelangt, selbst überprüfen. Wird dieser Schein morgen noch 20 Euro Wert sein? Okay, dieser nicht, denn dieser war gefälscht, aber der andere, "echte"? Ja, er wird 20 Euro Wert sein. Vielleicht können sie sich dann nicht etwas im Wert der heutigen 20 Euro kaufen; vielleicht können sie sich damit in einem Jahr etwas im Wert von 19,8.- Euro kaufen. Sie merken das nicht wirklich, das ist okay. Sie vertrauen darauf, dass noch Wert da sein wird.

Außer Sie stammen aus Griechenland. Oder Zypern. Oder Venezuela. Oder Argentinien. Oder Brasilien. Oder Simbabwe. Die Liste kann beliebig verlängert werden; es ist so oft passiert. Eines Tages wachen Sie auf und merken, dass alle Banken geschlossen sind. Der Banken Gouverneur sagt im Fernsehen: "Leute, keine Panik! Alles ist in Ordnung!" Wenn ein offizielles Regierungsorgan das sagt, dann wissen Sie: es ist Zeit in Panik zu fallen.

Jetzt geht es darum, sich in der Schlange vor der Bank anzustellen, denn die Bank wird nächste Woche nicht wie versprochen öffnen. Die zeitweise Notfallsmaßnahme wird eine permanente Notfallsmaßnahme werden. Garantiert, jedes Mal. Darum stellen Sie sich an und rennen Sie um ihr Geld.

Plötzlich ist die Institution Geld zusammengebrochen. Wem oder worauf vertrauen Sie jetzt? Sie machen es wie früher, Sie vertrauen Dingen, die Sie selbst prüfen und validieren können: Gold, Hühner, Reis, Salz, Zucker, was auch immer Sie bekommen. Oder das Geld eines anderen Staates. Der US-Dollar ist doch eine harte Währung, oder?

Volles Vertrauen und Kredit erfordert Wechselseitigkeit

Das Konzept des Wertes des Geldes funktioniert, weil wir ihm einen Wert geben, der direktes Resultat der Autorität der ausgebenden Stelle ist. Wir lagern unsere eigene Einschätzung des Wertes an eine dritte Stelle aus, der wir vertrauen.

Was passiert, wenn diese vertrauenswürdige dritte Partei diese Versprechen nicht mehr erfüllt? Absichtlich? Zufällig? Wegen Missmanagement? Wer weiß? Was wird passieren, wenn die so bedeutsame, starke und beruhigende Aussage - "volles Vertrauen in die Kreditwürdigkeit der US-Regierung" - ihre Bedeutung, Stärke und Erfüllung verliert.

"Das *volle* Vertrauen", nicht bloß *ein wenig* Vertrauen! Das volle Vertrauen und die Bonität der gesamten Vereinigten Staaten von Amerika! Die USA geben uns ihr volles Vertrauen und ihre Kreditwürdigkeit und im Gegenzug geben *wir* ihnen das volle Vertrauen und unsere Bonität. Vergleichen Sie das mit: "Das volle Vertrauen und die Kreditwürdigkeit der Nationalbank von Simbabwe." Dieser Satz hat nicht mehr sehr viel Gewicht, der Satz, dem Sie ihr ganzes Vertrauen schenken.

Jedesmal, wenn Sie eine dieser Banknoten erhalten, geben Sie einen Kredit - Sie geben Ihnen ein Produkt oder ein Service im Gegenzug für die Banknote, das ist Kredit. Sie geben Vertrauen. **Ihr ganzes Vertrauen und Glauben basiert nicht auf rationalem Denken**, Sie glauben einfach auf die eine oder andere Art an die Aussage "in vollem Vertrauen und Kreditwürdigkeit."

Ich sage etwas voraus. Diese Aussage wird immer weniger zu halten sein - und das nicht nur in den Gefahrenherden, in den rückständigen Nestern, nicht nur in den Entwicklungsländern und der "dritten Welt", wie wir sie zu nennen pflegten, sondern an vielen Orten gleichzeitig. 220 Billionen US-Dollar an Schulden sagen uns "in vollem Vertrauen und Kreditwürdigkeit", das hört sich weltweit ein wenig hohl an. Was passiert, wenn diese Schuldenlast nicht mehr gestützt werden kann?

Aus dem System aussteigen

Bitcoin versucht nicht eine nationale Währung zu werden. Oh nein, es tut etwas weit gefährlicheres. Es ermutigt die Menschen ihre Ersparnisse außerhalb des Systems zu legen. Das ist das Schlimmste, was einem System, das auf Kredit und Glauben basiert, passieren kann. Wir nehmen das Vertrauen und den Glauben weg und präsentieren eine Alternative, die manche Menschen sinnvoller finden.

An manchen Orten, dort wo das volle Vertrauen und der Glaube an die nationale Währung geschädigt wurde, werden die Menschen zu Bitcoin wechseln als wertvolle Alternative, weil sie wissen, dass es sicherer ist. Das passiert bereits. Wir haben es en masse nach dem 8. November 2016 in Indien gesehen, als die indische Regierung 86% des Geldes entwertet hat.

Wie steht es jetzt um das Vertrauen? Es ist kein volles Vertrauen mehr. Können Sie auf die Banknoten schreiben "14% des Vertrauens und der Kreditwürdigkeit der indischen Nationalbank?". Wir haben euch 86% genommen, also bleiben 14%. Die Aussage, "dieses Geld wird gestützt durch 14% des Vertrauens und der Kreditwürdigkeit der Nationalbank von Indien," hört sich nicht so gut an. Die Menschen wechselten in Scharen zu Bitcoin.

Genauso wie es nicht die Blogs waren, die den Wahrheitsgehalt der Nachrichten auf den Prüfstand stellten und diese Dichte an Fake News produzierten; es war nicht die bessere News Zusammenstellung, die die Zeitungen untergrub. Es war der Prozess ihre Werbeeinnahmen zu untergraben, ihnen die Einnahmequellen abzuschneiden und sie zu zwingen ihre Nachrichtenerstellung an den neuen Grad ihrer Einnahmen anzupassen.

Was wird passieren, wenn Bitcoin das mit den Banken macht? Denn, wenn sie sagen, "Alle Türen schließen und das Geld einbehalten," dann gibt es eine Tür, die sie nicht schließen können: Bitcoin. Das Geld wird ausfließen und ausfließen. Also werden sie den Minister im Fernsehen sagen lassen, dass alles in Ordnung ist: "Der Yuan wird nicht weiter entwertet werden. Das volle Vertrauen und die Bonität der chinesischen Nationalbank steht hinter dieser Währung."

Einen Monat später ist der Yuan einen halben Prozent mehr entwertet. Das ist viele Male letztes Jahr passiert. Irgendwann sagen sich die Menschen, *diese Aussage zählt nicht mehr. Ich verschiebe mein Geld woanders hin.*" Einige Menschen machen das. Ein Bruchteil von Milliarden US-Dollar ist vom Yuan in den Bitcoin geflossen.

Bitcoin bietet den Menschen keine bessere Art Dinge zu kaufen, in Unternehmen zu investieren, sich untereinander auszutauschen; der Schaden ist viel heimtückischer. Bitcoin beschneidet die eigentliche Quelle der Staatseinnahmen, des Wertes und der Stabilität einer nationalen Währung, da es das "volle Vertrauen und den Glauben" der Menschen beschädigt und zu einer alternativen Währung verschiebt. Die Menschen legen ihre Ersparnisse nicht auf ein Bankkonto, wo es zur Grundlage für die Kreditvergabe im Mindestreserve-System wird, sondern sie entziehen der Wirtschaft die Liquidität und das ist das Schlimmste, was man einer derartigen Ökonomie antun kann.

Die "Fake Geld!" Hysterie

Was werden sie als Nächstes tun? Was können sie jetzt machen? Sie schleppen den Finanzminister ins Fernsehen, um zu sagen: "Liebe Bürger und Bürgerinnen: Drogenhändler, Terroristen, Pornographie-Produzenten, Kriminelle und vor allem diese gemeinen Menschen in unserem Nachbarland - sie untergraben unsere Nation mit dieser Fake Währung, Bitcoin, diesem Fake Geld! Das ist eine kriminelle Konspiration, um unserer Wirtschaft zu schaden! Vertrauen Sie dem nicht. Investieren Sie ihr Geld nicht in Bitcoin. Es ist Fake Geld. Es wird von nichts gestützt!" "Fake Geld! Fake Geld! Fake Geld!" rufen sie und schreien und protestieren.

Sie glauben, das wird nicht passieren? Es passiert gerade. Sehen Sie sich an oder übersetzen Sie selbst, was die Menschen in Venezuela vor ein paar Monaten über Bitcoin gesagt haben. "Fake Geld!" Eigentlich sagten sie, "Die Kolumbianer sind Schuld!" Es sind immer die komischen Typen von nebenan, die mit dem lustigen Akzent sprechen und die weichen Tacos lieber mögen als die harten. Abscheulichkeit! Und so beginnt das Drama, langsam zu Beginn: "Fake Geld, Fake Geld, Fake Geld!"

Bitcoin wird in manchen Ländern als Fake Geld angesehen. Wo glauben Sie, ist das? Nein, nicht hier. Niemand nennt Bitcoin hier "Fake Geld". Keine offizielle Person würde so etwas sagen, die möchten lieber, dass Bitcoin im Verborgenen bleibt. Aber in Venezuela ist Bitcoin "Fake Geld". In Simbabwe ist Bitcoin "Fake Geld". In China wurde mehrmals versucht Bitcoin als "Fake Geld" zu bezeichnen; aber das hat nicht so gut geklappt.

Wenn sie im Zweifel sind, fragen sie den Markt

Es gibt keine Basis um zu beurteilen, ob Geld real ist oder nicht, wenn die institutionelle Autorität fehlt. Oder? Was ist Fake Geld, was ist richtiges Geld? Wer weiß? Sind wir beim gleichen Rätsel angekommen? Sind wir wieder in der Situation, wo wir den Unterschied nicht mehr erkennen? Ist das wie bei den Fake News? Müssen wir alle die Wahrheit für uns selbst herausfinden? Nein, denn für Geld gibt es Märkte und Märkte finden die Wahrheit. Das ist, was Märkte tun.

Wenn Sie wissen wollen, ob Bitcoin oder der Bolivar Fake Geld sind, dann können Sie einen einfachen Test machen. Nehmen Sie Bitcoin und Bolivar und fragen Sie jemanden auf der Straße, "wieviel geben Sie mir jeweils für die beiden?" Wenn der offizielle Wechselkurs des Bolivar fünfmal niedriger ist als der inoffizielle Wechselkurs, und wenn der offizielle Wechselkurs des Bitcoin einen Aufschlag von 20% hat, **dann sagt ihnen der Markt genau, welches Geld Fake ist.**

Der Markt findet die Wahrheit. Egal wieviele Ankündigungen, Währungskontrollen, Banksperren, Bankfeiertage und Entwertungen sie versuchen. Egal wie hoch man die Mauer und wie dick man den Staudamm macht, ein kleines Loch reicht und das Wasser beginnt auszurinnen und der Durchflusss wird stärker und das Loch wird größer, dann gibt es kein Stoppen. Die Wahrheit wird ans Licht kommen. Die Wahrheit wird vom Markt gefunden werden. Sie können Bitcoin "Fake Geld" nennen und der Markt wird antworten, "Nun, ich nehme lieber dieses Fake Geld, als ihr Fake Geld."

Bitcoin Marktbewertung

Am 8. November 2016 stieg und hielt der Preis des Bitcoin einen Aufschlag von 22% gegen die indische Rupie und über jede Währung der Welt. Als ich nach Indien kam, wurde ich gefragt: "Warum ist Bitcoin so teuer hier? Machen die Börsen riesige Gewinne?" Nein, das tun sie nicht. Sie dürfen keine Arbitrage machen. Die einzelnen Individuen machen Arbitrage.

Ich erklärte, dass der Bitcoin nicht so teuer ist. Wenn ich jetzt auf die Straße gehe und mit US-Dollar Bitcoin kaufe, dann wird der Preis, den ich bekomme, der gleiche wie in San Francisco sein. Der Bitcoin Preis ist derselbe. Aber wenn ich ihnen Rupien dafür gebe, dann wollen sie 22% mehr Rupien. Es ist nicht der Bitcoin Preis gestiegen, sondern die Rupie ist weniger wert und deshalb müssen in Rupien 22% mehr bezahlt werden. Der Preis der Rupie ist um 22% gefallen. Bitcoin kann über die Landesgrenzen bewegt werden, um den Arbitrage Betrag abzuschöpfen, aber die Rupien können nicht bewegt werden, mit denen steckt man fest. Die Tatsache, dass man sie nicht wegbewegen kann, bewirkt sofort einen Abschlag von 22%; das Geld ist 22% weniger wert, weil es unbeweglich ist. *Beweglichkeit* ist eine der drei Charakteristika, die Währung definieren. Wir haben soeben eine Eigenschaft verloren. Eigentlich zwei, weil der größte Teil entwertet wurde.

Rupien werden mit einem Abschlag gegenüber Bitcoin gehandelt; Bitcoin hat die Preisstabilität. Der Markt sagt uns, "Dies ist mehr reales Geld als das andere Zeug." Der Markt findet die Wahrheit und zeigt sie uns.

Seien Sie bereit, denn wir werden das immer wieder hören, wenn Ökonomien zusammenbrechen und Währungen in eine Krise geraten. Es kommt auch in entwickelten Nationen wie in der europäischen Union vor. Es könnte auch hier in den USA passieren, wer weiß? Die Märkte versuchen, die Situation zu korrigieren. Sie werden einen ständigen Fluß des Geldes zu Bitcoin erzeugen. **Die Menschen werden beginnen ihr volles Vertrauen und den Glauben dem System zu entziehen** und es in sichere Assets setzen: Gold, Silber, Bitcoin, etc.

Sobald dieser Prozess beginnt, werden Sie Artikel darüber in den Medien finden, die Fake News werden etwas über "Fake Geld" schreiben. Vielleicht erkennen Sie den Unterschied zwischen "Fake News" und wahren Informationen nicht, aber Sie können *immer* den Unterschied zwischen echtem Geld und Fake Geld erkennen. Die einfachste Methode ist, raus auf die Straße zu gehen und den Markt zu befragen. Der Markt wird Ihnen die Wahrheit sagen.

Danke schön.

Kapitel 4 - Unveränderbarkeit und Proof-of-Work

im·mu·ta·ble

/ɪˈmjuːtəb(ə)l/

adjective

1. tamper-proof, something that does not change and cannot be changed. *Contemporary Example*: Bitcoin's proof-of-work is a planetary scale,thermodynamically guaranteed, self-evident system of immutability.

Silicon Valley Bitcoin Meetup; Sunnyvale, Kalifornien; September 2016

Video-Link: https://youtu.be/rsLrJp6cLf4

Das Ausmaß der Unveränderbarkeit

Das Thema dieses Vortrages ist Proof-of-Work (engl. Arbeitsnachweis) und die riesige Bedeutung der Unveränderbarkeit. Genauer gesagt, werden wir über die Auswirkungen der Unveränderbarkeit in dieser neuen Ära digitaler Währungen sprechen. Was bedeutet es, ein digitales System zu haben, das unveränderbar ist?

Unveränderbarkeit ist ein kniffliges Konzept - vor allem, weil es nicht wirklich existiert. Alles verändert sich; es gibt nichts in der Natur, das auf immer und ewig unverändert bleibt. Das Universum selbst - das Vakuum, die Partikel - alles ändert sich. Nichts ist unveränderbar, daher ist die Unveränderbarkeit mehr eine philosophische Idee, aber wir denken jetzt an sie in praktischer Hinsicht. Was meinen wir, wenn wir von "Unveränderbarkeit" unter praktischen Gesichtspunkten sprechen?

Ich denke da gerne an eine lineare Skala. Auf dem einen Ende befindet sich etwas, das leicht zu verändern ist, je weiter weg man sich von diesem Ende bewegt, desto schwieriger wird es Dinge zu verändern, bis hin zu etwas, das am schwierigsten zu verändern ist; Unveränderbarkeit befindet sich auf dieser Seite der Skala. Aus Gründen der Zweckmäßigkeit, definieren wir Unveränderbarkeit jeder Art als das Maximum beziehungsweise den Endpunkt dieser Skala.

Am 3. Januar 2009 wurde diese Skala entscheidend vergrößert, der Endpunkt hat sich verschoben. Ein neues Maximum wurde definiert, ein neues Maximum in Bezug auf die Unveränderbarkeit digitaler Systeme.

Nichts ist so unveränderbar wie Bitcoin; Bitcoin definiert zum jetzigen Zeitpunkt das Ende dieser Skala, es hat den Begriff "unveränderbar" neu definiert. Das hat interessante Auswirkungen wie die Tatsache, dass man die Dinge auf der linken Seite der Skala nicht als "unveränderbar" bezeichnen kann. Man kann nicht "ein wenig unveränderbar" sagen oder "so ähnlich wie unveränderbar". "Ein wenig unveränderbar" ist wie "ein wenig schwanger." Der Begriff macht nur Sinn am obersten Maximum, am Ende der Skala, nicht Maximum minus eins. Ist der Begriff unveränderbar neu definiert, kann alles andere nicht mehr als "unveränderbar" bezeichnet werden.

Die Blockchain und Proof-of-Work

Warum ist Bitcoin unveränderbar? Woher bekommt Bitcoin die Eigenschaft der Unveränderbarkeit? Was macht es unveränderlich? Den meisten Menschen kommt als Erstes die Blockchain in den Sinn. Die Blockchain macht Bitcoin unveränderlich, weil jeder Block vom vorherigen Block abhängig ist, wodurch eine unveränderbare Kette an Blöcken bis zum allerersten Block, dem sogenannten "Genesis Block", entsteht und wenn man etwas daran ändert, würde es auffallen. Daher ist Bitcoin unveränderbar.

Das ist die falsche Antwort, denn es ist nicht wirklich "die Blockchain" die Bitcoin die Unveränderbarkeit gibt. Das ist eine wirklich wichtige Nuance, die verstanden werden muss. Die Blockchain sorgt dafür, dass man nichts verändern kann, *ohne dass es jemand bemerkt*. In der Computersicherheit nennen wir das "manipulations-offensichtlich": wird es verändert, wird es sofort bemerkt. Es kann nicht verändert werden, ohne gleichzeitig Hinweise auf die Veränderung zu hinterlassen.

Aber es gibt noch einen höheren Sicherheitsstandard. Wir nennen ihn "manipulationsresistent": etwas, das nicht manipuliert werden kann. Nicht bloß "es wird auffallen, wenn es manipuliert wurde", sondern "es kann nicht manipuliert werden". Unveränderbar.

Der Teil, der Bitcoin die Manipulationssicherheit gibt, ist nicht "die Blockchain." Es ist Proof-of-Work. Proof-of-Work macht Bitcoin grundlegend unveränderbar. Dies zu verstehen, ist wirklich wichtig, denn viele Leute werfen mit dem Begriff "Blockchain" um sich und behaupten ihre alternativen Blockchains wären unveränderbar, obwohl sie keinen Proof-of-Work Konsensalgorithmus oder einen anderen Konsensalgorithmus einsetzen, der ihnen Unveränderbarkeit gibt. Wenn überhaupt, dann sind sie manipulations-offensichtlich, also jemand würde es bemerken, aber sie sind nicht unveränderbar.

Diese Unterscheidung wird geschichtlich noch große Bedeutung bekommen.

Sie werden sich denken "geschichtlich große Bedeutung" klingt ziemlich heftig. Warum soll es historisch bedeutend sein? Wenn Bitcoin weiter so läuft wie heute, dann führen wir ein neues Konzept einer digitalen Historie ein, die ewig hält. Hält diese Geschichte zehn Jahre, dann ist das sehr bemerkenswert; hält sie hundert Jahre, dann ist das erstaunlich; hält sie tausend Jahre, dann wird es ein Monument - ein Denkmal - der Unveränderbarkeit. Ein System, einer für immer unverrückbaren Geschichte, die ein Monument unserer Zivilisation ist. Wir müssen diese Möglichkeit in Betracht ziehen.

Die Geschichte des Proof-of-Work

Lassen Sie uns die Diskussion ein wenig erweitern und über Proof-of-Work (engl. Arbeitsnachweis) sprechen. Proof-of-Work wurde nicht von Satoshi Nakamoto erfunden. Beweise von Proof-of-Work Systemen findet man in der ganzen Geschichte der Menschheit. Es gibt sehr hohe Arbeitsnachweise in Kairo: die

Pyramiden. Es gibt einen großen Proof-of-Work aus Stein in Paris: die Kathedrale von Notre-Dame. Tatsache ist, Proof-of-Work ist etwas, das wir sehr oft einsetzen.

Lassen Sie uns ein wenig darüber nachdenken. Die Pyramiden hatten mehrere Zwecke: einen als religiöser Gegenstand; einen anderen als Grab für den König. Das Interessante daran ist das Signal für die gesamte Zivilisation, sodass es jede Person sehen kann: "Seht her! Das ist die Größe und Macht der ägyptischen Zivilisation. Das ist, was wir schaffen können. Das ist unser Arbeitsnachweis. Dies kann nur in einer Gesellschaft gebaut werden, die übermäßige Ressourcen besitzt. Dies kann nur entstehen, wenn es möglich ist, dass zwanzigtausend Menschen *nichts anderes* tun als diese Bauwerke zu errichten. Dazu ist jahrzehnte- oder jahrhunderte langer Schutz durch das Militär erforderlich. Dies zu bauen, ist nicht billig."

Die Pyramiden sind ein Beleg für den Proof-of-Work der ägyptischen Zivilisation. Ohne zu wissen, was eine Pyramide ist, können alle, die auf einem Kamel durch die Wüste reiten und auf einen Hügel steigen ein steinernes Monument sehen, das einige hundert Meter in die Höhe ragt und ausrufen, "Wow"! "Wow" ist in diesem Fall ein Ausdruck des Glaubens an den Proof-of-Work, weil sofort und intuitiv verstanden wird, dass ein so imposantes Bauwerk nicht ohne Einsatz großer Mittel errichtet werden kann.

Die Kathedrale von Notre-Dame ist ein weiteres Beispiel dafür. Tausende Steinmetze wurden hunderte Jahre lang angewiesen ein Monument für die Kirche zu bauen, ein Monument der Religion, das so groß war, dass die Menschen staunend davor standen und glaubten, es wäre Gottes Werk und nicht von Menschenhand. Das Monument selbst spricht zu uns, "Seht euch diese Kirche an und was wir schaffen können." Diese Art, bloß zum Beweis, ganz offen zu zeigen wie hoch die Ausgaben und der Ressourceneinsatz waren, um ein Werk zu schaffen. Das ist Proof-of-Work.

Wir haben das in der Geschichte der Menschheit oft gesehen, bisher aber nur regional, in einem bestimmten Land, einer Organisation oder einer Zivilisation. **Bitcoin ist das erste, den gesamten Planeten umfassende digitale Monument eines Proof-of-Work.** Zu denen, die nach uns kommen, werden wir sagen können, "Seht euch dieses über Jahrzehnte entstandene Monument der Unveränderbarkeit an. Bewundert seine Funktion gleichermaßen wie seine Eleganz." Weil es eine Funktion hat; es dient einem praktischen Nutzen, nämlich dem, eine ewig gültige Überlieferung der Geschichte zu sein - die definitive und autoritative unveränderbare Quelle - die Überlieferung der Wahrheit, die nicht lügen kann. Ist eine Transaktion in die Bitcoin Blockchain aufgenommen und durch Proof-of-Work gesichert, wird es unglaublich schwer sie zu verändern.

Der Zweck des Minens ist Sicherheit

Was bedeutet es, die Bitcoin Blockchain zu verändern? Das ist etwas, was viele Menschen nicht wirklich verstehen. Ich werde oft gefragt, "Andreas, was ist wenn 51% der Miner entscheiden, dass sie gemeinsam die Bitcoin Blockchain verändern wollen? Was passiert, wenn es eine Konsensattacke gibt? Was, wenn ein Land mit vielen Mitteln in Mining-Computer investiert, um die Vergangenheit zurückzuschrauben und die Blockchain zu verändern?" Diese Fragen klingen sehr ähnlich, sind in Wirklichkeit aber sehr unterschiedlich, darum sehen wir uns ein paar technische Details an, mithilfe derer wir das Ganze besser verstehen können.

Wichtig ist, dass es einen großen Unterschied zwischen der Veränderung der Vergangenheit und der Veränderung der Zukunft gibt. Der Konsens Algorithmus, so wie er funktioniert, bestimmt die Zukunft der Blockchain. Wer die Mehrheit der Hashing-Power auf der Bitcoin Blockchain besitzt, kann entscheiden, was in Zukunft auf der Blockchain gespeichert wird, aber die Vergangenheit kann nicht so einfach verändert werden. Der Grund dafür ist, dass jeder Knoten im Netzwerk weiterhin jeden Block validieren wird und einen Arbeitsnachweis, also Proof-of-Work verlangt. Der neue Block muss also Proof-of-Work mitbringen und es gibt nur einen Weg diesen Arbeitsnachweis zu erbringen: es müssen Energieressourcen in diesen einen Block gesteckt werden.

Wenn Sie alle diese Artikel über die Verschwendung von Energie bei Bitcoin in den Medien lesen, weil Bitcoin durch das Verbrennen von Energie entstehen, dann müssen Sie wissen, dass diese Artikel völlig daneben liegen. Das Mining (engl. "Schürfen," anhand kryptologischer Hashfunktionen) ist nicht dazu da, um Bitcoins zu schaffen. Das ist nicht der Zweck des Minens; das ist ein Nebeneffekt. Ich kann das deshalb sagen, weil eines Tages keine neuen Bitcoins mehr erzeugt werden. Aber wissen Sie was? Es werden weiterhin neue Blöcke geschürft werden. Auch wenn der letzte Satoshi (die kleinste Einheit eines Bitcoin) geschürft wurde, wird weiter geschürft. Es muss zwingend weiter geschürft werden, weil der Zweck des Minens eben nicht ist, neue Bitcoins zu erzeugen, sondern Sicherheit zu schaffen sowie die Validierung aller Transaktionen und Blöcke getreu der Konsensregeln sicherzustellen.

Die Erzeugung der Bitcoins ist ein Nebeneffekt, der derzeit als Belohnungsmechanismus eingesetzt wird, um spieltheoretische Anreize zu setzen, damit sichergestellt ist, dass die Validierung richtig gemacht wird. Wenn Sie das verstanden haben, dann realisieren Sie, dass wir für Sicherheit bezahlen, was wiederum die Perspektive ein wenig verändert. Aber es geht noch viel weiter.

Einsatz eines externen Mittels: Energie

Eine Vielzahl alternativer Konsens Algorithmen wurden vorgeschlagen; Proof-of-Stake (engl. Anteilsnachweis) ist einer davon. Viele dieser Algorithmen nutzen das ihrer Blockchain inhärente, native Asset, um im Zuge des Mining Algorithmus, des Konsens Algorithmus etwas nachzuweisen. Nämlich, ich setze die Menge x meines Vermögens an nativen Assets ein, um den nächsten Block zu validieren. Wenn ich ihn falsch bearbeite, dann verliere ich diese Anteile; wenn ich ihn richtig bearbeite, dann erhalte ich eine kleine Belohnung.

Hier sind die Neuigkeiten: **Proof-of-Work ist auch Proof-of-Stake, aber Proof-of-Stake ist nicht auch Proof-of-Work.** Lassen Sie mich das ein wenig genauer erklären, weil es ein wirklich wichtiger Punkt ist. Jedesmal wenn Miner einen Kandidatenblock erzeugen, einen ganz bestimmten Block, in diesen alle Transaktionen hineinschieben, die sie vorher sorgfältig geprüft und für gültig erklärt haben, und danach den Proof-of-Work Mining-Algorithmus starten, dann weisen sie diesem Block Ressourcen zu.

Im Grunde sagen sie: "Ich setze 100 US-Dollar oder Strom im Wert von 500 US-Dollar für die von mir durchgeführte Sicherheitsarbeit ein; wenn ich es falsch mache, verliere ich meinen Stromeinsatz." Proof-of-Work *ist* also Proof-of-Stake, denn ihr Einsatz ist das Investment an Energie, das sie in einen bestimmten Block setzen, damit sie ihn korrekt validieren. Um zu beweisen, dass sie ihn richtig validiert haben, setzen sie eine enorme Menge an Strom ein, Elektrizität, die Geld kostet.

Beachten Sie aber, das ist anders als die Proof-of-Stake Algorithmen bei anderen digitalen Währungen. Der Unterschied ist, dass das was man einsetzt, kein natives Asset ist, also nichts der Kette intrinsisches, dessen Wert und Zukunft durch die Kette selbst bestimmt wird. Was hier eingesetzt wird, ist extrinsisch, also außerhalb des Systems: sie setzen Energie ein - und Energie hat eine universellen Wert auf diesem Planeten.

Der Wert einer intrinsischen Währung kann morgen Null sein, in diesem Fall ist auch ihr Einsatz nichts mehr wert. Aber der heutige Wert der Elektrizität wird morgen und in vorhersehbarer Zukunft Bestand haben. Das bedeutet, wenn Elektrizität eingesetzt wird, wird etwas, das weltweit Wert hat, eingesetzt. Proof-of-Work geht daher viel tiefer als wir zu Beginn denken.

Verändern der Vergangenheit: Konsensattacken erklärt

Was passiert, wenn die Miner sich entscheiden eine gemeinsame 51%-Attacke zu starten, um die Vergangenheit neu zu schreiben? Anstatt beim aktuellen Block zu starten und die Konsensregeln für zukünftige Blöcke zu verändern, könnten sie bei einem der vorherigen Blöcke ansetzen und die Geschichte neu schreiben. Wenn sie über 51% der Hashing Power verfügen, könnten sie eventuell den aktuellen Block der Blockchain der Minderheit erreichen und ihn überschreiben. Sie würden das Rennen gewinnen. Eventuell. Die Frage ist, wie lange müssen sie diese Attacke durchhalten, um zu gewinnen?

Nehmen wir ein einfaches Beispiel: angenommen wir wollen die Blöcke der letzten drei Wochen verändern. Drei Wochen hört sich nicht lange an; bei Bitcoin ist das eine Ewigkeit. Jeden Tag fließen 500 Megawatt Strom in den Mining Prozess (das ist eine ungefähre Zahl, es könnte mehr oder weniger sein). 500 Megawatt in vierundzwanzig Stunden ergeben 12 Gigawatt-Stunden Strom, die täglich aufgewendet werden. 12 Gigawatt-Stunden über dreißig Tage sind 360 Gigawatt-Stunden. Über zwölf Monate ergibt das 4,3 Terawatt Stunden Strom. 4,3 Terawatt Strom ist eine große Menge über ein Jahr, aber es ist nur viel, wenn man alles auf einmal verwenden müsste. Fünfhundert Megawatt täglich fortlaufend reichen aus, um das Bitcoin Netzwerk zu sichern. Aber jetzt kommt es: wird versucht die Vergangenheit umzuschreiben, wird das sehr schnell, sehr viel mehr.

Wie lange dauert es die Blöcke der letzten drei Wochen mit 51% der Hashing Power umzuschreiben? Mit 100% der Hashing Power dauert es drei Wochen, um dreitausend Blöcke zu minen. Man könnte meinen, dass es mit 51% der Hashing Power rund sechs Wochen dauert bis dreitausend Blöcke erzeugt sind. Wie auch immer, es dauert fünf Wochen. Es wird vier Wochen dauern bis die ersten zweitausend Blöcke mit etwa der Hälfte der Hashing Power gemined sind, aber nach 2.016 erzeugten Blöcken wird sich die Mining Difficulty (Anm.: die Schwierigkeit für die Miner, das Rätsel zu lösen) verändern. Es wird nur mehr eine Woche dauern, die letzten eintausend Blöcke zu minen. Das heißt, letztlich dauert es rund fünf Wochen, um die Blöcke der letzten drei Wochen mit rund 51% der Hashing Power neu zu minen.

Jetzt kommt das Problem: die anderen Miner haben nicht aufgehört zu minen. Die Miner der 49% Seite haben dreitausend zusätzliche Blöcke angehängt, sie schreiben nicht die Vergangenheit um, sondern haben die originale Kette weiter verlängert. Nach fünf Wochen dieses Kampfes ist die 51% Seite immer noch dreitausend Blöcke im Rückstand. Sie haben die Vergangenheit neu geschrieben und jetzt sind sie in der Vergangenheit stecken geblieben und versuchen mit nur 2% mehr an Hashing Power aufzuholen.

Die Miner auf der 51% Seite verdienen in dieser gesamten Zeit nichts. Vermutlich hatten sie bereits die 51% der Hashing Power als die originale Kette zum ersten Mal geschrieben wurde und ihre Gewinne daraus liegen daher auch auf der originalen Kette, die sie soeben versuchen umzuschreiben. Natürlich erhalten sie dann die Gewinne der neuen Kette, aber nur unter der Bedingung, dass sie die Gewinne auf der originalen Kette aufgeben. Das bedeutet, dass sie für Wochen und Wochen 500 Megawatt an Strom für Null Gegenleistung einsetzen.

Was passiert in der Zwischenzeit auf der anderen Kette? Als 49% Miner werden die ersten 2.016 Blöcke für sie langsam sein, denn sie werden nur etwa alle zwanzig Minuten einen Block finden. Aber ihr Anteil an der Mining Kapazität hat sich soeben verdoppelt und damit auch ihre Profitabilität. Sie werden das Doppelte verdienen für denselben Mining-Aufwand. Falls diese Kette noch Wert besitzt, verdienen sie anständig Geld, weil sie einen höheren Marktanteil haben.

Je mehr Menschen die Kette verlassen, desto profitabler wird es für die Verbliebenen. Alles was sie tun müssen, ist 2% der Miner abzuziehen; sie müssen nur 2% der Menschen, die für Null Gegenleistung minen, überzeugen auf die andere Seite zu kommen, wo doppelt so viel verdient werden kann. Wie schwierig wird das sein?

Eine 51% Attacke wochenlang durchzuhalten ist brutal hart. Es ist logisch, dass man das nur machen würde, wenn man 75-80% der Hashing Power besitzt. Ethereum startete mit 90% und zu einem bestimmten Zeitpunkt 2016, als sie ihre Fork machten, waren unter 70% auf der Mehrheitskette; das ist ein großer Rückgang.

Bitte beachten Sie, ich habe über eine Veränderung von *nur den letzten drei Wochen* gesprochen. Bitcoin ist sieben Jahre alt. Was wäre, wenn eine Transaktion aus dem Vorjahr verändert werden soll? Oder vor eineinhalb Jahren? Nun ist die Rechnung *wirklich* gegen sie gerichtet, denn es wird über ein Jahr dauern, um die andere Kette zu überholen. In der Zwischenzeit müssen Sie nicht nur ihre Attacke aufrecht erhalten, sondern auch zusehen, dass Sie niemanden aus ihrer Gruppe verlieren. Ansonsten werden Sie nie überholen können und verdienen auch noch weniger. Im Endeffekt werden Sie ihren Stromeinsatz zweimal getätigt haben und wenn, dafür überhaupt nur einmal bezahlt werden.

Unfälschbare Artefakte

Die Bitcoin Blockchain ist ein Monument der Unveränderbarkeit, Block für Block ist ein Turm von mittlerweile 420.000 Blöcken entstanden, der eine im gesamten schier unglaubliche Menge an Arbeitsleistung beinhaltet. Sie kann nicht verändert oder gefälscht werden ohne, dass jemand anderer es bemerkt und ohne, dass die Energie dafür noch einmal eingesetzt werden müsste; es gibt keine Abkürzung. Das ist der Unterschied zwischen *manipulations-offensichtlich* und *manipulations-resistent*.

Bitcoin ist nicht bloß eine Art Buchhaltung; es ist das erste digitale Werkzeug, das eine für immer gültige Geschichte bereitstellen kann und wirkliche

Unveränderbarkeit des Digitalen erzeugt. Es existiert kein anderes System, das digitale Unveränderbarkeit in diesem Ausmaß bietet. **Es ist ein thermodynamisch gesichertes, selbstevidentes System der Unveränderbarkeit globalen Ausmaßes.**

Globales Ausmaß, weil für die Ausführung Ressourcen aufgewendet werden müssen, die nur auf globaler Ebene vorhanden sind. *Thermodynamisch gesichert*, weil wir den Aufwand an Energie, der für die Erzeugung benötigt wurde exakt berechnen können und es keinen alternativen Weg zur Herstellung gibt. Die Informationstheorie sagt uns, dass es die Menge y an Joule braucht, um die Menge x an Bits umzukehren und dafür gibt keine andere Möglichkeit. *Selbstevident*, weil uns das Ergebnis des Proof-of-Work ganz exakt sagt, wieviel Arbeit insgesamt geleistet wurde. Es ist wahrlich ein Monument.

Besser als in Stein gemeisselt: Unveränderbarkeit als Service

Es gibt nichts anderes auf der Welt, das einen selbsterklärenden, unveränderbaren, digitalen Eintrag dieser Größenordnung herstellen kann. Nichts. Die Bitcoin Blockchain ist die einzige Plattform, auf der man Daten eintragen kann, die innerhalb ein paar generierter Blöcke garantiert manipulationssicher werden. Tausend Blöcke nach dem Eintrag der Daten gibt es kein Zurück; diese Daten werden sich nicht mehr verändern. Ja, nach vielleicht nur drei Blöcken, könnte es noch verändert werden. Nach sechs Blöcken? Naja… Nach 144 Blöcken? Das wird wirklich hart - und das ist nur ein Tag. Eine Woche? Ein Monat? Ein Jahr? Zwei Jahre? Fertig: die Daten sind fixer Bestandteil der Geschichte.

Unsere Vorfahren sagten, "Das ist so sicher, wie in Stein gemeisselt." Unsere Enkelkinder werden sagen, "Das ist so sicher, wie auf die Blockchain geschrieben." Das ist der neue Standard der Unveränderbarkeit und er ist weltweit verfügbar. Jede Anwendung kann dieses Potential wirksam einsetzen; andere Währungen, andere Ketten, Smart Contracts, sie alle können die Bitcoin Blockchain als Prüfpunkt, als Referenz verwenden. So lange wie wir das Monument bauen, werden die Einträge - ähnlich eines Graffitis in die Steine der Pyramiden - bestehen bleiben, möglicherweise für Jahrhunderte. Sie können Unveränderbarkeit zum günstigen Preis einer Transaktionsgebühr erwerben.

Unveränderbarkeit als Service ist eine erstaunliche Anwendungsform.
Sie hat enorme Auswirkungen auf Software, auf das Internet of Things, auf die Informationssicherheit, auf jedes andere Währungssystem, auf Eintragungssysteme (Eigentum, Meldewesen, Geburtsschein, etc.). Auf der Blockchain kann Geschichte geschrieben werden und so lange sie existiert, kann sie nicht verändert werden und alle können sie validieren.

Das ist keine Energieverschwendung; das ist die erste praktische Anwendung digitaler Unveränderbarkeit. Es ist teuer, aber es ist teuer, weil es uns etwas Wertvolles in globalem Ausmaß gibt. Wir benötigen nur ein durch Proof-of-Work gesichertes, unveränderbares Buch; es ist vermutlich zu kostspielig, ein Zweites zu schaffen. Das bedeutet, dass der Netzwerkeffekt umso größer ist, da wir bereits ein ganz gut funktionierendes System haben.

Eines, das alle anderen Anwendungen unterstützen kann; die anderen Anwendungen können das viel leichtgewichtigere Proof-of-Stake System verwenden. Aber wenn die anderen Anwendungen wirkliche Unveränderbarkeit wollen - nicht nur ein System, wo Manipulation sofort offensichtlich wird, sondern Manipulation unmöglich ist - dann müssen sie sich dieses Service von der Bitcoin Blockchain holen. Sie müssen ihre Daten in der Bitcoin Blockchain verankern.

Es gibt kein 1984 auf der Bitcoin Blockchain

Wenn Sie ein Bankenkonsortium sind und Transaktionen im Konsortium abwechselnd mit einer Distributed Ledger Technologie signieren, was sind die Kosten, um die Vergangenheit zu fabrizieren? Was sind die Kosten, um die Geschichte zu verändern und beispielsweise zu sagen "WikiLeaks hat ihre Spenden nicht erhalten, weil wir alle diese Transaktionen zurücküberwiesen haben"? Was sind die Kosten dafür?

Thermodynamisch, sind diese Kosten Null. In "on Chain" Geld? Egal, weil sie dieses Geld selbst produziert haben und jederzeit mehr davon erzeugen können.

Solange kein Proof-of-Work eingesetzt wird, sind die Kosten, einen Ledger wie diesen umzuschreiben Null. Wer kann, wird. Wer kann, wird dazu gezwungen werden. Wer kann, muss, sobald eine gerichtliche Aufforderung zur Aussage vorliegt. Diese Blockchains sind nicht unveränderbar; im Gegenteil, sie sind unglaublich veränderbar. Sie sind unbeständige Blockchains - sie sind am unteren Ende der Skala. Sie sind kurzlebig, bedeutungslos, ohne historisches Gewicht dahinter; sie sind, was auch immer der letzte Signierer sagt, dass sie sind. Dieses Jahr: "Wir befinden uns im Krieg mit Ozeanien." Nächstes Jahr: "Wir waren immer im Krieg mit Ostasien." Geschichte wird von den Gewinnern geschrieben. Nicht auf der Bitcoin Blockchain. Es gibt kein *1984* auf der Bitcoin Blockchain.

Jetzt wird Geschichte unter Einsatz realer Energie geschrieben und es gibt keinen kostengünstigen Weg diese Geschichte zu fälschen.

Vielen Dank.

Anmerkung von Andreas für die Leser/innen: Bei diesem Vortrag habe ich dummerweise versucht, während des Redens gleichzeitig zu rechnen. Ich bin kein guter Mathematiker. Wie sich gezeigt hat, noch ein schlechterer Improvisationsmathematiker. Keiner meiner Rechenfehler ändert etwas an der Aussage, die ich gemacht habe. Aus Gründen der Genauigkeit und um mein Ego zu bewahren, wurden diese Fehler beim Transkribieren des Videos behoben. Pssst! Erzählen Sie niemandem, dass ich so schlecht in Improvisationsmathematik bin.

Kapitel 5 - Feste Versprechen, lose Versprechen

YOUR MONEY* IS SAFE*, WE PROMISE*

* "Your money": is no longer your money,
it is an unsecured 0% interest loan to us
* S.A.F.E. (Subject to Appropriation Fofeiture
or Embrezzlement) without notice.
S.A.F.E. (TM) is a registered trademark of
BigBank Corp. and should not be interpreted
to imply the security or availability of funds.
* "promise": all promises valid unless subordinated
to terms and conditions, judicial supboena, whim,
act of god, act of war, act of government, act of us,
except where void by statute, treaty, obligation, pirates, godzilla,
natural disaster or a mild summer breeze.

Video-Link: https://youtu.be/UJSdMFPjW8c

Die patentierte editierbare Blockchain

Sind alle hier begeistert über Distributed Ledger Technologie und was sie für das Bankwesen tun kann?

Heute hat Accenture bekanntgegeben, dass sie ein Patent für die erste editierbare Blockchain eingereicht haben, die das fundamentale Problem der Unveränderbarkeit, das wir bei Bitcoin hatten, löst. Mit diesem Beitrag und den Beiträgen anderer ähnlicher Unternehmen können wir Schritt für Schritt, die fundamentalen Probleme bei Bitcoin lösen, wie da sind: Dezentralisation, offener Zugang, das Fehlen von Ausfallsrisiko und Autoritäten, Unveränderbarkeit und irgendwann, nehme ich an, das Konzept des "Sound Money" (engl. Geld, das durch ein Asset gedeckt ist wie beispielsweise Gold, Silber).

Sie haben etwas neues erfunden, die veränderbare Blockchain. Ich bin wirklich froh, dass irgendwelche Berater vermutlich ein paar Millionen Dollar erhalten haben, um das zu erfinden. Für den Preis mussten sie einen wirklich guten Namen finden, denn "Tabellenblatt" war schon vergeben!

Vorhersagbarkeit außerhalb der menschlichen Sphäre

Wenn sich Menschen den Bitcoin- und offene Blockchain-Communities neu anschließen, betrachten sie Bitcoin, dieses offene, grenzenlose, dezentrale, zensurbeständige System. Und dieses System ist so eigen, dass sie nicht wirklich verstehen können, warum es so ist, wie es ist. Und ihr erster Instinkt ist, es "reparieren" zu wollen.

Eines der Dinge, die ich am öftesten höre ist, dass die Unveränderbarkeit der offenen Blockchains und die Tatsache, dass Transaktionen irreversibel sind, ein großes Problem sind. Das ist das Thema dieses Vortrages: feste Versprechen.

Warum ist das ein Problem? Weil wir feste Versprechen nicht gewohnt sind. Sehr wenige Dinge im Leben sind garantiert; die Ergebnisse sind nicht vorhersagbar. Ein chinesisches Sprichwort lautet: "Die Sonne, der Mond und die Wahrheit können sich nicht lange verstecken." Wenn wir Vorhersehbares finden wollen, müssen wir außerhalb der menschlichen Sphäre suchen. Wir müssen uns Dinge ansehen, die nicht von menschlichen Gefühlen, Beziehungen oder Vereinbarungen beeinflußt sind, wie Mathematik, Physik, die Sterne. Diese sind vorhersehbar, unveränderbar.

Bitcoin nutzt Mathematik, um das Konzept unveränderbarer, vorhersehbare Ergebnisse in einem Zahlungssystem einzuführen. Das ist total eigenartig, denn das gab es in Finanzsystemen noch nie und darum ist die erste Reaktion oft die, dass man sagt, "Das ist kaputt."

Neue Systeme fester Versprechen und programmierbares Geld

Doch dieses neue System ist nicht kaputt; es gibt nur ein fundamentales Missverständnis darüber, was eine Bitcoin Transaktion ist und was es für eine Transaktion bedeutet, dass sie unveränderbar ist. Wenn man eine Bitcoin Transaktion als Zahlung sieht, dann ist das Konzept der unveränderbaren Zahlungen eigenartig, sogar beängstigend. Was ist, wenn ein Fehler passiert? An wen wenden Sie sich? Wie bekommen Sie eine Rückzahlung? Wie funktioniert das?

Aber eine Bitcoin Transaktion ist keine Zahlung; eine Bitcoin Transaktion ist ein Programm und nicht *die Zahlung* ist irreversibel - sondern *das Programm* ist irreversibel.

Bitcoin gibt uns die Möglichkeit ein Programm exakt wie es geschrieben ist, mit all den eingebauten Parametern ablaufen zu lassen, und zwar unveränderbar. Sobald es vom Sender spezifiziert ist, führt sich das Programm genauso aus wie es festgelegt wurde, vorhersehbar und überall gleich. Es kann weder angefochten, umgekehrt, noch zensiert werden.

Wenn sie ein Programm mit folgendem Ablauf schreiben: "Ich bezahle John, den ich noch nie in meinem Leben gesehen habe, um etwas mit UPS zu versenden," und John (der gar nicht John heißt) versendet nichts, dann wird sich das Programm trotzdem ausführen. Das ist natürlich problematisch, weil es eine unumkehrbare Zahlung ist. Tatsache ist, die Programme innerhalb von Bitcoin, können viele verschiedene Ebenen beinhalten. **Was Bitcoin uns gibt, ist ein festes Versprechen: das Programm wird sich genauso ausführen wie es programmiert wurde.**

Das Schöne an verteilten Systemen ist, dass wenn man eine Basis hat, die feste Versprechen ermöglicht, also ein System an Zwangsmäßigkeiten dessen, was passieren wird, dann kann man diese lockern. Sie können ein Skript schreiben, das sagt: "Ich werde John mittels einer Multisignature Transaktion mit einer dritten Partei als Treuhänder und einer automatischen Rückzahlung nach dreißig Tagen bezahlen, wenn ich eine Signatur von UPS erhalte, dass das Paket angekommen ist und in der Zwischenzeit kein Einspruch erhoben wurde." Jetzt nicht mehr so abschreckend.

Das Zahlungsskript kann soviel Konsumentenschutz beinhalten, wie wir wollen. Mit ein paar fundamentalen Unterschieden. Die Senderin wählt selbst den Treuhänder, dieser wird nicht für sie ausgewählt. Das Rücknahmerecht ist im Vorfeld festgelegt und garantiert als festes Versprechen, dass es von niemandem beeinflusst werden kann - nicht von John, nicht von einer anderen dritten Partei, von einem Vermittler und auch nicht von einer Art Autorität, die am Original Geschäftsfall gar nicht beteiligt war.

Wir nehmen ein festes Versprechen und weil es sich um programmierbares Geld handelt, können wir es genau auf die Wünsche aller Beteiligten und die Anforderungen des Konsumentenschutzes abstimmen. So haben alle volle Kontrolle über die Bedingungen des Geschäfts.

Das aktuelle System loser Versprechen

Während verteilte Systeme strenge Zwangsmäßigkeiten aufweisen, die gelockert werden können, kann man das umgekehrt nicht auch sagen. Ein System, das nur lose Versprechen liefert, kann nie feste Versprechen liefern. Ein Zahlungssystem das Überprüfungen, Revisonen, Zensur, Autoritäten, Gerichten und anderem unterliegt, kann niemals etwas garantieren. Jedes Versprechen, das es gibt, kann gebrochen werden; jedes Versprechen, kann umgekehrt werden.

Wie viele von Ihnen haben Geld auf der Bank? Niemand von Ihnen hat Geld auf der Bank. Sie gewähren alle einer Bank ein meist unbesichertes Darlehen zu einem lächerlichen Zinssatz. Diese Bank hält dieses Geld als ob es ihr eigenes wäre und verdient damit hohe Zinsen mit anderen Menschen. Wenn sie zu einem Geldausgabeautomaten gehen, kann es sein, dass Sie etwas zurück bekommen. Aber nicht, wenn sie in Griechenland, Argentinien, Zypern, Venezuela, Brasilien oder der Ukraine leben. Die Liste lässt sich im Verlauf der Geschichte beliebig verlängern, denn diese Versprechen sind schwach.

Sie können sich an ein Justizsystem richten, wo die "eiserne Hand des Gesetzes" rasch und effizient allen Gerechtigkeit bringt? Vielleicht hier - in *diesem* Land. Für wie viele Länder ist das nicht mal annähernd die Möglichkeit? Was ist der Unterschied zwischen diesem und jenem Land? Sie wissen, dass der Rechtsstaat ein Mythos ist; Sie wissen, dass Geld, Einfluss, Beziehungen, politische Macht und letztlich Gewalt, sich über die Rechtsstaatlichkeit hinwegsetzen können. Der Unterschied ist, **wir glauben immer noch an die Illusion, dass der Rechtsstaat Gerechtigkeit für alle bringt.** Doch selbst hier ist es offensichtlich, dass die, die am meisten davon profitieren, ebenfalls den Rechtsstaat mit Geld, Einfluss, politischer Macht und Beziehungen aushebeln.

Heute musste die Chefetage von Wells Fargo vor dem Kongress aussagen. Über ein Jahrzehnt lang hat die gesamte Konsumenten-Kreditabteilung Kredite, ohne die

Einstimmung der Kund, vergeben. Es wurden PINs erstellt und Kredite vergeben, wodurch sich die Kreditbewertungen verschlechterten und unberechtigte Gebühren erhoben wurden, alles um den Gewinn zu erhöhen. Dieser Betrug brachte dem CEO 200 Millionen US-Dollar an Kapitalvermehrung.

Sie werden erfreut sein zu hören, dass der CEO ins Gefängnis muss… Nein, muss er natürlich nicht! Kommen Sie schon, was glauben Sie? Nein, er hat 5.300 Angestellte niedriger Ebene, die 12 US-Dollar pro Stunde verdienten, gekündigt. Der Abteilungsleiter bekam eine Abfindung von 125 Millionen US-Dollar und Wells Fargo erhielt eine Strafe von 185 Millionen US-Dollar, das ist weniger als eine Person, der CEO, in den zehn Jahren an Zahlungen bekam. Nichts wird passieren und das, obwohl das die überregulierteste, meist geschützte Industrie im Land ist, mit Aufsicht, Anhörungen im Kongress und den meisten Rechtssprüchen.

Lose Versprechen, leere Versprechen.

Die falsche Erzählung vom Chaos ohne Autoritäten

Wenn man Leuten zuhört, die sich über die festen Versprechen von Bitcoin beklagen, muss man beginnen darüber nachzudenken: Wovor fürchten sie sich? **Was genau ist so beängstigend an einem System das Dinge auf einer Blockchain speichert, die unveränderbar ist und vorhersehbare Ergebnisse bringt?**

Sie beschwören Bilder von betrogenen Konsument/innen und Chaos herauf. "*Hinter mir die Sintflut,*" warnte König Ludwig der XV seine Untertanen vor der Revolution. Er war die Autorität und ohne ihn würde die Anarchie hereinbrechen. Während des amerikanischen Unabhängigkeitskrieges warnte König George der III seine Untertanen, "Ich verkörpere die Ordnung. Auf der anderen Seite werden euch Freibeuter, Mörder und Gauner wie George Washington ins Chaos führen." - unterstellend, dass ohne Autorität nur Chaos herrschen kann.

Diese Erzählung hat sich in unseren Köpfen ausgebreitet. Diese Erzählung geht davon aus, dass das menschliche Dasein auf einer geraden Linie verläuft, unten links herrscht null Ordnung und je weiter oben rechts man sich befindet, desto geordneter ist alles. Wer daran glaubt, denkt auch, dass ein System ohne Autoritäten automatisch so ist wie ein Abrutschen auf der Linie direkt ins Chaos.

Ich habe Neuigkeiten für Sie: es ist keine Linie, es ist eine kartesische Ebene. **Das entgegengesetzte Ende der Autorität ist Autonomie.** Was die Blockchain zeigt, ist ein System das Autorität durch Autonomie ersetzt. Es bringt kein Chaos; es bringt die höchste Ordnung, die wir jemals gesehen haben. Es bringt uns vorhersehbare Ergebnisse unabhängig von den Launen einer Autorität.

Wer sich auf dieser Linie befindet, kann nicht sehen, dass es andere Optionen gibt und wir sehen Gesellschaften aufgrund dieser falschen Abwägung auseinanderbrechen. Wenn sich die Ordnung in einer Gesellschaft auflöst, rufen die Menschen nach mehr Autorität. Wir wissen, wo das endet. Mehr Macht und mehr Autorität; diese Macht korrumpiert und kann sogar töten. In Venezuela sehen wir gerade das Resultat: maximale Autorität, totaler Kollaps der sozialen Ordnung. Ist Autorität maximal und die Ordnung null, wird die Linie flach.

Und was verlangen die Führer? Mehr Autorität.

Eine Zukunft unveränderbarer Systeme

Diese Technologie ermöglicht uns, unsere soziale Ordnung neu zu überdenken und Systeme zu schaffen, die anstelle von Autorität Autonomie verwenden, um Ordnung zu schaffen. Aber es kommt noch besser, denn diese Gestalt der Ordnung hat es noch nie gegeben.

Stellen Sie sich vor, jede einzelne Person kann selbst eine Transaktion inklusive aller Bedingungen erzeugen und diese wird garantiert und absolut sicher ausgeführt. Welchen Wert hat das für die Einzelnen? Welche Art von Welt entsteht daraus? Mit Sicherheit eine Welt, in der Leute, die sich an Autoritäten klammern, verängstigt und viel wichtiger - unbedeutend sind.

Aber wir kennen das bereits. Welche anderen Systeme produzieren Ergebnisse, die wir nicht ändern können? Eines meiner liebsten Beispiele kommt aus dem Internet. Wir hatten jetzt zehn bis fünfzehn Jahre Zeit zu realisieren, dass das Internet eine Eigenart besitzt, die wir nicht berücksichtigt hatten. Es erzeugt ebenfalls ein Set an unveränderbaren Ergebnissen. Ist etwas im Internet veröffentlicht, kann es nicht mehr zurückgezogen werden. Wir sind die erste Generation, die damit leben muss, dass alles was im Internet passiert, für immer im Internet bleibt. Es kann nicht gelöscht oder zensuriert werden, je mehr man es versucht, desto weiter verbreitet es sich.

Das wird von den Autoritäten nicht einfach so hingenommen. In vielen Ländern herrscht ein verzweifelter Kampf, um sicherzustellen, dass Dinge wieder unveröffentlicht werden können. Das ist ein verlorener Kampf, denn das geht nicht.

Das Internet gibt uns einen kleinen Ausblick darauf, was es bedeutet, ein nicht zu veränderndes System zu besitzen. Wen hat das am meisten getroffen? Hat es uns getroffen, die wir darauf aufmerksam und mehr und mehr vorsichtig und flexibel wurden, was wir veröffentlichen? Oder hat es jene Autoritätsvertreter getroffen, die nicht möchten, dass ihre Geheimnisse, Lügen und Verbrechen in einem System, das unveränderbar ist, öffentlich bekannt werden? Das Internet gibt uns einen flüchtigen Blick auf die Bedeutung unveränderbarer Ergebnisse. Wir haben keine Ahnung, wie wertvoll diese Eigenschaft ist; ich denke, sie ist extrem wertvoll.

Warum würden sie also ein veränderbares Hauptbuch einführen? Weil es den Komfort der Autorität wiederbringt. Darüber hinaus unterstützt es die Legitimität, die Macht und die Kontrolle jedweder Hierarchie oder Organisation, die eingesetzt wurde, um zu entscheiden, was geändert wird und was nicht.

Die Bitcoin Blockchain gibt uns ein netzwerk-zentriertes System ohne Autorität, aber mit vorhersehbaren Ergebnissen. Um dies zu ersetzen, müssen wir ein sehr traditionelles, industrielles, soziales Modell von Hierarchie, Anrufungen und Machtpositionen schaffen, welches entscheidet, was niedergeschrieben und noch viel entscheidender, was gelöscht wird. Geschichte wird von den Gewinner geschrieben. Das wird den Menschen als Weg ihre Sicherheit zu schützen, verkauft werden. Sie sind nicht gut genug, nicht klug genug, nicht fortgeschritten genug, um selbst zu entscheiden, welches Programm Sie für ihre unumkehrbare Transaktion verwenden wollen. Sie brauchen Schutz.

Feste Versprechen fördern Autonomie

Wir verfügen bereits über ein System, das uns umkehrbare Transaktionen gibt. Es stellt uns ein System von Einsprüchen und Rückansprüchen zur Verfügung. Wessen Transaktionen werden umgekehrt? Wie oft wird eine Transaktion, die Ihnen Geld wegnimmt und jemandem gibt, der in einem Bankinstitut oder in einer Autoritätsposition ist, umgekehrt? Wie oft wird eine Transaktion, die Sie einer politischen Partei, einem politischen Anliegen überweisen oder eine Spende an WikiLeaks umgekehrt? **Wie oft wird dieser Mechanismus des Regresses als Mechanismus der Kontrolle genutzt?**

Das ist das unvermeidliche Ergebnis, wenn Hierarchien gebaut werden und diejenigen in den Hierarchien darüber entscheiden, was niedergeschrieben und was gelöscht wird. Sie tragen ein, was ihnen Geld bringt und löschen, was ihnen missfällt.

Das aktuelle System der Rückansprüche schützt nicht die Konsument/innen; für die meisten Konsument/innen ist das nicht einmal wichtig. Aber wenn Ihnen Wells Fargo ungefragt für die Erstellung einer Kreditkarte, die Sie nie beantragt hatten, 35 US-Dollar abbucht, dann dauert es zehn Jahre und braucht eine Befragung vor dem Kongress, damit sie *vielleicht* Ihre 35 Dollar zurück bekommen. *Vielleicht* wird Ihr Kontostand wieder richtig gestellt. Aber niemand muss dafür ins Gefängnis.

Lose Versprechen fördern Hierarchie. Feste Versprechen fördern Autonomie. Mit Bitcoin haben wir ein System geschaffen, das gelockert werden kann, um uns all die Flexibilität zu geben, die notwendig ist, damit wir unseren eigenen Konsumentenschutz schaffen, zu unseren eigenen Bedingungen. Das ist verängstigend für alle in Autoritätsfunktion und absolut erfreulich für alle anderen.

Danke schön.

Kapitel 6 - Währungskriege

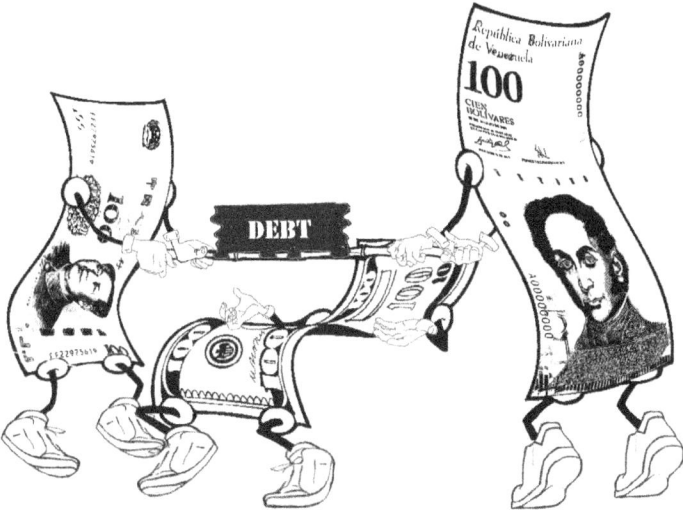

Coinscrum Minicon am Imperial College; London, England; Dezember 2016

Video-Link: https://youtu.be/Bu5Mtvy97-4

Auslandsüberweisungen sind nicht der erste Anwendungsfall

Heute spreche ich über Währungskriege und Bitcoins Neutralität diesen gegenüber.

Sie haben mich sicher einmal sagen hören, dass ich denke, dass Auslandsüberweisungen und grenzüberschreitende Geschäfte wie Import, Export und Handel, die ersten Anwendungsfälle von Bitcoin sein werden. In diesen Bereichen gibt es Spannungen im traditionellen Finanzsystem, wo viel flexiblere System wie Bitcoin Vorteile haben - ganz besonders mehr Möglichkeiten für die unterprivilegierten Menschen weltweit. Genauer gesagt für migrantische Personen, die durch die Nutzung von Bitcoin, sich die extrem hohen Gebühren bei traditionellen Kanälen wie Western Union, sparen können.

Nun, wie es aussieht, lag ich falsch. Nicht das erste Mal und nicht das letzte Mal; das wird wieder passieren. Aber sehen wir uns an, warum ich falsch lag, denn da wird es interessant.

Währungskriege haben begonnen

Bitcoin existiert nicht in einem Vakuum. Bitcoin ist eine Währung und ein Zahlungssystem in einer hoch kompetitiven internationalen Finanzwelt in 194 Ländern, in der jedes Jahr Zahlungen im Wert von Billionen von US-Dollar getätigt werden. Während wir in unserem kleinen Bereich großartige Anwendungen für Bitcoin entwickeln, hat sich etwas anderes verändert, was meiner Meinung nach den Verlauf der Verbreitung von Bitcoin verändern wird. Wir sehen sehr aufregenden Zeiten entgegen.

In den letzten zwei Jahren entfachte sich ein regelrecht weltweiter Währungskrieg. Dieser Krieg hat, kurz nach der Finanzkrise 2008, klein begonnen und er nimmt an Fahrt zu. Dieser Währungskrieg wird die Verbreitung von Bitcoin verändern; etwas das *außerhalb* von Bitcoin passiert, verändert wie sich Bitcoin entfaltet.

Diese Währungskriege nehmen Milliarden Menschen als Geisel, die wie Bauernopfer in einem weltpolitischen Spiel herumgewirbelt werden. Ich nenne ein paar Ländernamen und Sie können sehen, ob diese Länder etwas gemeinsam haben: Griechenland, Zypern, Spanien, Venezuela, Argentinien, Brasilien, Indien, Türkei, Pakistan, die Ukraine. Was haben diese Länder gemeinsam? Wunderbare Menschen und großartiges Essen, ja, aber sie alle befinden sich in einem nationalen oder internationalen Währungskrieg. **Die Menschen in diesen Ländern sind Geiseln in einem Währungskrieg.**

Indiens Krieg gegen das Bargeld

Wenn Sie die Nachrichten in letzter Zeit verfolgt haben, wissen Sie vielleicht, dass vor etwa 5 Wochen die indische Regierung die Entwertung der zwei größten Geldscheine, den 500 Rupien- und den 1000 Rupien-Schein, angekündigt hat. Die Geldscheine würden kein legales Zahlungsmittel mehr sein und das *innerhalb von 4 Stunden.* Das bedeutet, es wurden 86% des Wertes an in Zirkulation befindlichem Bargeld entwertet und das in einem Land in dem *über 95% aller Transaktonen* in bar stattfinden und wo über 40% der Bevölkerung kein Bankkonto besitzen.

Es wird erwartet, dass der unmittelbare Effekt ein Verlust von 2 bis 4% des BIP des Landes ist. Der folgende Welleneffekt war verheerend. Ganze Industrien in Indien mussten gestoppt werden, weil die Arbeitgeber das Personal nicht zahlen konnten, die Menschen kein Essen oder Gesundheitsprodukte kaufen und keine Geschäfte tätigen konnten. Ein absolutes Desaster, das sich langfristig katastrophal auswirken wird.

Der weltweite Krieg gegen das Bargeld

Täuschen Sie sich nicht: das ist ein Experiment an 15% der Weltbevölkerung. Wenn dieses Experiment erfolgreich ist - und da geht es nicht darum, wie es den Menschen dabei geht, sondern, ob die Ziele der Regierungen erreicht werden - dann wird es wiederholt werden. Es wird wie das Experiment der Bankenabwicklungen in Zypern in andere Länder exportiert werden. Immer mehr dieser Experimente werden gemacht.

Jetzt sind wir in einem globalen Krieg gegen das Bargeld. Wir haben den Zeitpunkt erreicht, an dem Regierungen ein für alle mal das Bargeld abschaffen wollen. Bargeld, die ultimative Peer-to-Peer, transparente, private Geldform, die es Individuen innerhalb einer Gemeinschaft erlaubt, Geschäfte zu machen - wird ausgelöscht, um es gegen digitale Transaktionen auf Plattformen, die Überwachung, Kontrolle, Konfiszierung und negative Zinsen ermöglichen, zu ersetzen. All dies wird sehr bald kommen, sobald das Bargeld verschwunden ist. Das ist ihr Traum.

Ich hoffe, Sie machen mit mir mit, um diesen Traum zu zerstören.

Der internationale Währungskrieg

Zusätzlich zum Feldzug gegen das Bargeld findet ein weiterer Währungskrieg statt, ein internationaler Währungskrieg. In diesem Krieg stehen sich Länder gegenüber, die ihre Landeswährung als Instrument im Währungskrieg verwenden, um die Handelsbalance zu kippen und die nationale Schuldenlast in Ländern auszuhöhlen, deren Schulden so hoch sind, dass sie sie niemals zurückzahlen können.

Wie kann eine Regierung, die Schulden in der Höhe von Milliarden und Billionen Dollar hat, diese zurückzahlen? Indem Lebensqualität und Produktivität erhöht werden, bis man sich selbst aus dem Minus herausarbeitet? Oder durch die Einverleibung der Ersparnisse der Pensionist/innen und des Mittelstands, eine ganze Generation an Erwerbstätigen zerstörend, die die Schulden durch versteckte Steuern, nämlich Inflation, zahlen müssen? Wir wissen, welchen Weg die Länder wählen, wir haben es oft gesehen.

Natürlich gibt das niemand zu. Sie sagen nicht, "Wir werden die Staatsschulden decken, indem wir Pensionist/innen und die Mittelschicht zerstören, ein System der Schattenbesteuerung und Enteignung schaffen, um die Banken und den Staat von den Schulden zu befreien." Was sie sagen ist, "Damit werden wir der Korruption und dem Schwarzgeld ein Ende setzen und wir werden den Krieg gegen das Verbrechen gewinnen!" Und die meisten Menschen sagen, "Ah, ja, das klingt gut! Machen wir das."

Die Politik der Vermögensvernichtung

Dieses falsche Versprechen taucht fast immer gemeinsam mit dem Nationalismus auf. Die große Geißel des beginnenden 21. Jahrhunderts ist das Wiederaufleben des populistischen Nationalismus. Der Faschismus wächst. Genauso wie sich Politiker in Nationalflagge zeigen, setzen sie Assoziationen mit der Landeswährung, umhüllen ihr Geld mit dem Mantel des Nationalismus, um die Politik der Vermögensvernichtung und Enteignung hinter dem Nationalismus zu verstecken.

Wenn Sie dagegen sind, dass die Pensionist/innen mit ihrem Geld für die Staatsschulden aufkommen und die Banken retten sollen, wenn Sie dagegen sind, dass eine ganze Generation junger Menschen keinen Job oder nur "McJobs" findet, dann üben Sie Verrat aus an der nationalistischen Idee, das Verbrechen und die Korruption zu bekämpfen. Sie werden sagen: "Na, Sie haben wohl etwas zu verbergen? Sonst würden Sie nicht dagegen sein."

Das ist *exakt*, was gerade in Ländern wie der Türkei passiert. Die Regierung hat angekündigt, dass es die Pflicht jeder ordentlichen Bürgerin und Bürgers ist, ihre US-Dollar zu verkaufen und in türkische Lira und Gold zu tauschen, um den nationalistischen Stolz zu stärken. Genau dasselbe Prinzip wurde in Indien angewendet, damit alle "bloß ein wenig leiden." Vergessen Sie nicht, die Menschen, die am meisten leiden, haben keine Stimme, sie sind unsichtbar - ganz besonders in Indien. Die Mittelschicht, die auch ein wenig leidet, kann sich an ihre nationalistischen Ideen anhalten.

Bitcoin, der sichere Hafen

In diesen Währungskriegen gibt es eine Kraft, die neutral bleibt, als sicherer Hafen, als Ausstiegsmöglichkeit. **Bitcoin steht gerade an der Kippe, eine sichere Anlagemöglichkeit für Milliarden Menschen rund um den Erdball zu werden**, die zum ersten Mal die Möglichkeit haben, zu sagen "Wissen sie was? Ich sehe, wohin das alles führt. Macht nur weiter. Ich steige aus."

Das wird den Entwicklungsverlauf von Bitcoin dramatisch verändern; es wird die Technologie und Ökonomie von Bitcoin verändern. Es wird die Einstellung der Regierenden zu Bitcoin verändern. Regierungen können mit Auslandsüberweisungen leben. Sie können leicht sagen, "Ja! Machen wir es einfacher, dass unsere armen Immigrant/innen ihr Geld in ihr Ursprungsland senden können, indem wir mittels Regulierung einen Wettbewerb der Banken erlauben."

Aber dieses neue Versprechen - dass Menschen aus diesen verrückten nationalistischen Experimenten und Währungskriegen aussteigen - das werden sie nicht einfach so hinnehmen.

Bitcoin wird in vielen Ländern ein Affront gegen die Souveränität sein. Wenn Machthaber einen direkten Angriff auf ihre Entscheidungen, ihre Regeln spüren - wie willkürlich, unberechenbar und einseitig diese Entscheidungen auch sind, wie gleichgültig ihnen die Interessen der Regierten sind - sie werden diese Gefahr mit aller Macht bekämpfen. Sie werden scheitern, aber es wird nicht einfach sein.

Den Währungskriegen entkommen

Wenn das alles beginnt, wird sich das Gleichgewicht zwischen den Währungen verändern; wir sehen das bereits. Wer heute in Indien Bitcoin kaufen möchte, muss über $1.000 USD dafür bezahlen. Das ist ein Aufschlag von 22% im Vergleich zum Preis auf anderen Märkten. Da nicht genügend Bitcoin ins Land fließen, um ein Gegengewicht zu dem unbedingten Drang zum Ausweg aus dem System zu schaffen, kann dieser Aufschlag nicht gesenkt werden.

Der chinesische Yuan wurde im Jahr 2016 bisher sechsmal entwertet. Und jedesmal, wenn der Yen entwertet wurde, stieg Bitcoins Wert um ein paar Milliarden Dollar an, weil Millionen Menschen in China aus dem System ausstiegen.

Jedesmal, wenn das passiert, wird eine Belohnung ausgezahlt. Und hier ist die gute Nachricht: wissen Sie, wer diese Belohnung erhält? Diejenigen, die gewillt sind, ein Ausgangsschild und eine Tür zu einer kleinen verschlammten Straße zu bauen, die aus diesen verrückten nationalistischen Experimenten herausführt, diejenigen werden mit dem 20% Aufschlag belohnt. Die Tauschbörsen, die "LocalBitcoin" Händler, die offline Händler im Untergrund, die die gewillt sind ein Risiko auf sich zu nehmen und dem Zorn der Machthaber ins Auge zu blicken, diejenigen erhalten die Belohnung. Dieser Gewinn wandert direkt in die Finanzierung der Infrastruktur, in die Liquidität, Dezentralisation, in die Verschleierung und all die anderen Dinge, die eine normale Person braucht, um der Hölle des Währungskrieges zu entgehen.

Diese Experimente bringen die Regierungen direkt in Opposition zu Bitcoin, nicht wegen Bitcoin, sondern wegen etwas, das die Regierungen selbst geschaffen haben.

Gott spielen

In meiner Jugend, habe ich Computerspiele sehr gern gemocht. Eines meiner Lieblingsspiele war SimCity. Total cool war, dass man die volle Kontrolle über die Wirtschaft hatte; einer der Regler, die man verändern konnte, war die Einkommenssteuer. Es war sehr verlockend an den Steuern zu drehen, vor allem wenn das eigene Budget unausgeglichen war oder die Dinge nicht so gut liefen wie man wollte. Konnte man die Stadt nicht so schnell bauen wie man wollte, hat man einfach die Einkommenssteuer von 5 auf 6%, von 6 auf 7% angehoben.

Das hatte natürlich Konsequenzen. Einer der Wege diese Konsequenzen zu spüren, war wenn man zu weit gegangen war. Zu Beginn, wenn die Steuern von 5 auf 15% angehoben wurden, füllte sich die Kasse rasch. Dann verließen alle Leute die Stadt und die Bevölkerungszahl rasselte nach unten. Diese Spiele haben einen Namen: sie heißen "Gott spielen", und der Grund, warum sie so befriedigend sind, ist, weil man bei einer hilflosen Bevölkerung Gott spielen kann.

Es gab weitere interessante Funktionen: man konnte eine Stadt bauen und sie dann einem Tornado, Erdbeben, Feuer, Tsunami und sogar einer Godzilla Attacke aussetzen. Und wissen Sie was? Keine dieser Attacken hatte so schlimme Auswirkungen auf die Stadt wie die Erhöhung der Einkommenssteuer.

Die Kosten des Krieges

Diese Währungskriege sind Kriege gegen die Bevölkerung. Sie sind eine Form des Bürgerkrieges der Regierung gegen ihr eigenes Volk. Sie zerstören Generationen. Es wird angenommen, dass in den ersten Tagen des Bargeldverbotes in Indien Menschen gestorben sind, weil sie nicht an das notwendige Geld für medizinische Versorgung gekommen sind, weil sich - kraftlose, behinderte, ältere Menschen sechs Stunden lang anstellen mussten, um an eine vergleichbare Summe wie $30 USD zu kommen, falls sie überhaupt soviel besaßen.

Es werden noch mehr Menschen sterben, wenn sich dieses Experiment ausweitet. Und es wird sich wiederholen. Zehntausende sind in Venezuela wegen des Währungskrieges verstorben, weil das monetäre System zerstört wurde.

Das ist das Resultat, wenn Regierungen einen Handelskrieg beginnen und den Menschen die Basis ihrer Zukunft stehlen als Waffe gegen ein anderes Land. Dieser Angriff richtet sich letztlich gegen die eigene Bevölkerung und tötet sie.

Die schlimmste Form des Terrorismus

Sie werden Ihnen sagen, dass wir Verräter unserer Nation sind, weil wir Leute dazu ermuntern Bitcoin zu verwenden. Sie werden uns Kriminelle, Gangster, Drogendealer und Terroristen nennen. Sie glauben mir nicht? Die indische Regierung hat die Goldhändler am Schwarzmarkt in den letzten beiden Wochen "Terroristen," "Kriminelle," und "Verbrecher" genannt.

Ich bin nur ein Programmierer; ich bin nur ein Redner; ich bin kein Terrorist; ich bin kein Verbrecher. Aber wenn ich die Möglichkeit habe, einen Ausweg aus diesem System zu bauen, dann werde ich diese Möglichkeit ergreifen - denn ich weiß, wer die wirklichen Terroristen sind.

Es gibt keinen schlimmeren Terrorismus als absichtlich einen Krieg gegen die eigene Bevölkerung zu führen, der die Basis der Wirtschaft zerstört und das obwohl es gar keine Krise gibt. Es wird ein Desaster enormen Ausmaßes ausgelöst, bloß um einen Währungskrieg gegen ein anderes Land zu führen.

Wer profitiert letztlich davon? Die Banken. Sie werden gerettet. Die Bilanzen in Indien steigen stark an; die Aktienpreise gehen nach oben. Die Regierung hat enorme Einnahmesteigerungen. Stoppt das die Korruption? Nein. Es befeuert eine absolute Orgie der Korruption, genauso wie es in Zypern, Griechenland, Venezuela, Argentinien und der Ukraine der Fall war.

Als die indische Regierung ankündigte, dass die Banknoten binnen vier Stunden kein legales Zahlungsmitttel mehr sind, wurde auch verlautbart, dass die Banken für zwei Tage geschlossen sind, um einen Bankrun zu vermeiden. Wundersamer Weise waren - als die Banken wieder öffneten - fast nur die jetzt illegalen Banknoten verfügbar. Irgendwie hatten manche Menschen in der Zwischenzeit Zugang zur Bank und tauschten ihr Geld - während die Banken geschlossen waren. Eigenartig.

Greshamsches Gesetz

Ein faszinierendes Gesetz der Ökonomie ist greshamsches Gesetz, das besagt, dass schlechtes Geld das gute Geld in einer Volkswirtschaft verjagt. Ich habe an der Hochschule nebenbei zum Hobby Wirtschaft studiert und ich habe greshamsches Gesetz nie wirklich verstanden; glücklicherweise hatte ich greshamsches Gesetz nie in Aktion erlebt. Heute sehen wir, wie sich greshamsches Gesetz genau wie vorhergesehen abspielt.

Wenn jemand in Indien zu einem Geldautomaten geht, jemand in Venezuela irgendwie Geld bekommt, jemand in Simbabwe an US-Dollar kommt, was machen diese Menschen mit diesem Geld? Ausgeben? Nein, niemals. Sie vergraben es, legen es unter die Matratze, verstecken und horten es, weil es gutes Geld ist und dieses wird sofort aus dem Wirtschaftskreislauf genommen.

Sie nehmen jede Scheiß-Banknote, die sie haben - jede simbabwesische 100-Milliarden-Bond-Note, jeden venezulesischen Bolivar, der nichts wert ist und in Schubkarren transportiert und per Gewicht vermessen wird, jede 500 Rupien-Note, die jetzt wertlos ist - und gehen zu ihren Angestellten, Putzkräften und den Unterprivilegierten und sagen ihnen: "Das ist das Geld, mit dem ich dich bezahle. Das sind sechs Monatsgehälter im Voraus. Nimm es oder du bist gefeuert. Deine Entscheidung."

Sie stoßen das schlechte Geld an diese Menschen ab, die sich dann sechs Stunden lang für den Umtausch anstellen müssen, nur um von einer Karikatur eines Regierungsbeamten, dem Steuerprüfer gefragt zu werden, wo sie das ganze Geld bekommen haben.

Rate mal, was die Regierungsangestellten für ihre Bestechung bekommen? Das gleiche schlechte Geld. Also ist das schlechte Geld das einzige das zirkuliert und das gute Geld ist aus der Wirtschaft verschwunden. Wir sehen greshamsches Gesetz in Aktion.

Die Ausfahrtsstraße bauen

Wenn Menschen Bitcoin bekommen, HODLn sie. *HODL* ist ein gängiger Begriff in der Bitcoin Community, der bedeutet, Bitcoin zu halten. Wenn sie Bitcoin bekommen, vergraben sie es tief, um sicherzustellen, dass ihre Kinder in der Zukunft das gute Geld besitzen. Sie werden das schlechte Geld gegen gutes Geld tauschen und heutzutage ist alles Geld, schlechtes Geld.

Rund um die Welt wird Bargeld als schlimmes Übel eliminiert. Aber sie können dieses Spiel nicht gewinnen, weil jetzt können die Menschen Bargeld erzeugen - elektronisches Bargeld, unabhängiges Bargeld, nachweisbares Bargeld, digitales Bargeld, Peer-to-Peer Bargeld. Bitcoin.

Bedenken Sie, das wird die Entwicklung von Bitcoin in den nächsten zwei Jahren verändern. Diese wird in Opposition zum Währungskrieg stattfinden und direkt dadurch finanziert werden. Die Währungskriege werden die Investitionen in die Infrastruktur und die Verbesserungen an Bitcoin finanzieren, womit das Ausgangsschild und die kleine Straße dahinter gebaut werden können.

Während der kommenden Jahre, in denen die Währungskriege eskalieren - die wie es sein muss, scheitern und wieder von vorne beginnen werden - werden wir diese kleine Straße, die wir aus jeder Ökonomie heraus anbieten, ausbauen und zu einer achtspurigen Autobahn ausbauen, als Ausfahrt für jede einzelne Person aus den Währungskriegen ihrer Länder.

Diese Ausfahrt wird zu Beginn nicht für alle offen sein. Nur die reichsten, best gebildeten, privilegierten Menschen werden Zugang zu diesen Anwendungen haben. Aber ein paar davon werden andere mit sich ziehen. Schritt für Schritt werden diese die Infrastruktur finanzieren, die es mehr und mehr Menschen erlaubt aus ihren Ökonomien auszusteigen.

Wir haben das Feuer nicht entfacht

Währenddessen bedenken Sie, wir werden Kriminelle genannt werden, weil wir eine Alternative anbieten. Dann werden sie uns Kriminelle nennen, weil wir zur Alternative hinzeigen. Dann werden sie uns kriminell nennen, bloß weil wir darauf hinweisen, dass die Ökonomie in Flammen steht und es eine Alternative gibt.

Auf jeder Stufe der Eskalation der Währungskriege wird jede Tat gegen den offensichtlichen Zusammenbruch der Wirtschaft, jedes Hinweisen auf die alternative Möglichkeit des Ausstieges, als krimineller Akt gesehen werden. Bald wird es soweit sein, dass sie die Geschichte umschreiben und behaupten, dass die Banken und die Ökonomie nur deshalb in Flammen stehen, weil wir eine Alternative anbieten und weil es Bitcoin gibt. **Sie werden sagen, dass Bitcoin der Grund für das Feuer ist.**

In diesem Augenblick erinnern Sie sich und wiederholen Sie die Parole: "Wir sind keine Kriminellen. Wir bieten eine Alternative für alle. Wir haben das Feuer nicht entfacht."

Danke schön.

Kapitel 7 - Bubble-Boy und die Kanalratte

DevCore Workshop an der Draper Universität; San Mateo, Kalifornien; Oktober 2015

Video-Link: https://youtu.be/810aKcfM__Q

Keimfreie Erziehung, Schlammkuchen und Bubble Boys

Heute wollte ich über Sicherheit sprechen. Aber die Trolle auf Reddit behaupten, ich wüsste nichts über Sicherheit, also entschied ich mich stattdessen über Erziehung zu sprechen - ich habe aber keine Kinder. Wenn ich über Dinge spreche, von denen ich keine Ahnung habe, kann ich genauso gut damit anfangen, oder?

Die Erziehung hat sich in den letzten Jahrzehnten stark verändert. Als ich aufwuchs, waren die Methoden sehr anders. Meine Schwester bekam vor kurzem ein Baby. Ich beobachte sie als Elternteil und traf auch ihre Freunde, die ebenfalls Eltern sind. Als Onkel fühle ich mich wie ein Ersatzelternteil; es ist wirklich seltsam.

Meine Schwester und ich diskutierten darüber, dass Handdesinfektionsmittel wie Purell nicht existierten als wir aufgewachsen sind. Und es nach heutigen Maßstäben ein Wunder ist, dass wir tatsächlich überlebt haben. Anscheinend gibt es überall Bakterien und ein Großteil der heutigen Erziehungsmethoden beinhaltet den Schutz der Kinder vor diesen Bakterien durch Liter von Purell. Wenn Sie diese Eltern beobachten, sehen Sie, dass sie ihm, sobald das Kind ein bisschen Schmutz berührt, sofort eine Purell Dusche geben, nur um sicherzustellen, dass es sauber ist.

Das ist nicht die Erfahrung, die ich gemacht habe; ich bin in den 1970er Jahren aufgewachsen. Wir spielten im Garten und wälzten uns im Schlamm herum. Wir bauten Schlammkuchen. Würden unsere Eltern toben? Nein. Wir aßen diese Schlammkuchen. Würden unsere Eltern toben? Nein, möglicherweise, weil sie nicht da waren. Sie sagten: "Geht raus und kommt zurück, wenn die Sonne untergeht." Die Dinge haben sich geändert.

Jüngste wissenschaftliche Studien decken ein beunruhigendes Phänomen auf: die Betroffenenzahlen von Asthma und Allergien sind durch die Decke gegangen. Es hat sich herausgestellt, dass wenn man ein Kind in einer sterilen Umgebung großzieht, es kein robustes Immunsystem entwickelt. Wir wissen jetzt, dass die Exposition gegenüber Bakterien, zum Beispiel durch den Verzehr von Schlammkuchen im Garten, dazu führt, dass Kinder ein robustes Immunsystem aufbauen.

Das kann auf die eine oder andere Art übertrieben sein. Zum Beispiel haben viele Kinder in den Entwicklungsländern keine schweren allergischen Reaktionen auf übliche Medikamente, die Kinder in der entwickelten Welt schon. Warum? Weil sie ein noch robusteres Immunsystem haben, indem sie von Geburt an und auch vor ihrer Geburt, Krankheitserregern ausgesetzt sind. Auf der anderen Seite sehen wir das Konzept, ein Kind in einer Blase aufzuziehen.

Erinnern Sie sich an die Geschichte von Bubble-Boy? Es ist eine tragisch wahre Geschichte über ein Kind ohne Immunsystem. Es gibt diese medizinischen Tragödien, in denen Kinder mit kompromittierter Immunität geboren werden oder ihre Immunität durch irgendeine Art von Problem verlieren; dann müssen sie in einer Blase leben, um am Leben zu bleiben.

Sie fragen sich bestimmt, *Worüber spricht der Kerl? Ich dachte, das würde ein Vortrag über Sicherheit und Bitcoin sein, aber hier reden wir über Bubble-Boys und Schlammkuchen essen!* Es gibt einen Zusammenhang, warten Sie ab.

Isolierte und genehmigungspflichtige Blockchains

Ich spreche darüber, weil es einige wirklich wichtige Auswirkungen bei der Sicherheit hat. Sehen Sie, wenn ein von externen Einflüssen isoliertes System kreiert wird, ist es nicht so, dass es keine Fehler hat - es ist bloß so, dass die Fehler des Systems nicht bekannt werden. Wenn Sie ein System erstellen, das ständig externen Angriffen ausgesetzt ist, ist es nicht so, dass es viele Fehler hat - es ist nur so, dass Ihnen die Fehler bekannt sind, weil sie immer wieder gefunden werden können. Sie beheben sie nach und nach; durch diesen Prozess, wird das System stärker.

Dies führt zu einer Diskussion über ein interessantes Phänomen, das derzeit in der Industrie auftaucht: dieses Konzept von isolierten und genehmigungspflichtigen Blockchains (Permissioned Ledgers). In meinen Augen ist eine isolierte Blockchain ein Bubble-Boy. Es wird ein System gebaut, das völlig isoliert von der Welt ist, in der Hoffnung, dass die Isolation es sicherer machen wird. Banken sind wie paranoide Helikopter-Eltern, die ihr Kind in Purell duschen wollen, weil es einen Popel berührt hat.

Raten Sie nun, was mit diesen hygienisch sauberen Blockchains passieren wird? Sie werden Asthma und schwere Allergien bekommen. Im schlimmsten Fall platzt die Blase schließlich. Irgendwann werden sie brüchig und der Außenwelt ausgesetzt sein, aber sie waren so lange isoliert, dass sie keine Immunität entwickelt haben. Wenn sie plötzlich einem schrecklich tödlichen Ding, wie einem Pollen Partikel ausgesetzt werden, sterben sie einen schrecklichen Tod. Sie haben eine so geringe Immunität, dass sie panisch auf etwas reagieren, was ein richtig angeregter, richtig gewachsener Organismus mit Leichtigkeit abwehren kann.

Das Versagen der Sicherheit-durch-Isolierung

Dies ist nicht das erste Mal, dass wir diese Diskussion führen. In der Tat haben wir das mit dem Internet gelernt; wir haben gelernt, dass Sicherheit-durch-Isolierung, Sicherheit-durch-Obskurität, Sicherheit-durch-Zugangskontrolle, Sicherheit-durch-Unterdrückung-der-Sicherheitsforschung versagt. Es scheitert kläglich.

In den frühen 1990er Jahren arbeitete ich als IT-Berater für Banken und erklärte ihnen, warum sie E-Mail-Server benötigen und sich mit "dieser E-Mail-Sache" verbinden sollten. Sie nannten viele der gleichen Argumente, die ich heute bei Bitcoin höre, wie zum Beispiel: "Nun, wir kennen niemanden, der E-Mail verwendet. Keine der anderen Banken benutzt E-Mail, also wem sollen wir E-Mails senden? Zweitens ist das Internet unkontrolliert und das ist gefährlich. Drittens könnten unsere Banker etwas per E-Mail sagen, was wir nicht wollen; wie fügen wir ein Formular zur Offenlegung am Ende der E-Mail hinzu? Was passiert, wenn einer unserer Mitarbeiter jederzeit einfach so mit jemandem kommunizieren kann? Das ist ein Rezept für Chaos und Anarchie!"

Natürlich betrachteten sie ein bisschen Chaos und Anarchie nicht als gute Dinge; was viele von uns in diesem Raum wahrscheinlich tun.

Was taten die Banken und Großkonzerne bei ihrem ersten Versuch sich mit dem Internet zu verbinden? Haben sie TCP / IP-Systeme (Transmission Control Protocol / Internet Protocol) direkt mit dem Internet verbunden und robuste Anwendungen entwickelt, die über TCP / IP kommunizieren können? Nein. Sie haben Gräben gegraben und Mauern gebaut. Sie implementierten Sicherheitsmechanismen. Sie bauten Firewalls und entmilitarisierte Zonen. Sie benutzten all diese militärischen Analogien, um eine Mauer aufzubauen.

Was haben sie dann hinter diesen Mauern eingesetzt? Haben sie die gängigen Open-Source-Protokolle, Möglichkeiten und Anwendungen des Internets implementiert? Nein. Sie verwendeten stark denaturierte, schwache Äquivalente wie Outlook und FrontPage. Sie erstellten Intranet Websites mit veralteten Inhalten, die nur während der Arbeitszeit über ein VPN (Virtual Private Network) ohne äußeren Einfluss zugänglich waren. Sie sagten: "Schaut! Wir machen Internet. Wir sind so innovativ, wir sind so hip." So haben sie "Internet" gemacht; sie bauten sehr isolierte Umgebungen auf und bezeichneten sie oft als "Internet."

Lange Zeit bestand die vorherrschende Idee darin, dass sie durch den Aufbau dieser isolierten Umgebungen sicherer waren - weil sie durch die Firewall Dinge wie den Zugang zu Daten, Erstellung von Daten und Zugriff auf Systeme kontrollieren konnten.

Jetzt wissen wir, dass das eine Illusion war. Die Unternehmen können diese Dinge *nicht* kontrollieren und sie haben zudem im Aufbau dieser isolierten Systeme eine

„Bubble Boy IT" gebaut. Sie bauten IT-Systeme, die keine Widerstandsfähigkeit, keine Immunität hatten. Outlook hatte Bugs und FrontPage hatte Bugs, aber sie wurden meist nicht im wilden Internet getestet; die meiste Zeit lebten sie hinter Mauern. Irgendwann schafft es jemand in die Blase oder die Sache, die im Inneren der Blase ist, kommt raus aus der Blase.

Das Problem mit Blasen ist, dass man nicht durch sie durch handeln kann. Wenn Sie einen Laden besitzen, besteht Ihr Geschäft darin, Handel zu treiben. Aber Handel kann nicht in einer Blase stattfinden; das Konzept einer Blase steht im Gegensatz zum Handel. Sicher, Sie können eine Firewall bauen, aber wenn Ihr Verkaufspersonal oder Ihre Führungskräfte unterwegs sind, werden sie sich in das Internet des Hotels einwählen und eine Reihe von Viren befallen den Computer. Wenn sie wieder ins Büro kommen, verbinden sie sich hinter der Firewall, dadurch werden die Viren im ganzen Netzwerk verbreitet und infizieren jeden innerhalb der Blase. Blasen funktionieren nicht.

Heutzutage ist eine ganze Generation von Unternehmen zu der Erkenntnis gelangt, dass sie, um flink und effektiv zu sein, keine HP / EMC / Cisco / Oracle / Microsoft Zufluchtsorte von abgelegenen kleinen Königreichen sein können, die mit niemandem reden. Vor allem, weil es teuer ist und nicht funktioniert. Zweitens, weil es unglaublich verwundbar ist. Es hat keine Immunität.

Jetzt sehen wir diese Generation von flinken, jungen Startups, die wahre Internetunternehmen sind. Ihre Produkte, ihre internen Systeme, ihre Kollaborationen - all das - ist draußen, nackt, im Internet. Es passiert auf GitHub für die ganze Welt sichtbar. Sie verwenden Google Mail und arbeiten mit externen E-Mail-Systemen auf der ganzen Welt zusammen. Ihre internen Systeme sind extern. In der Welt des Internets gibt es nichts Internes. Sie erstellen robuste Anwendungen, da diese Anwendungen vom ersten Tag an in freier Wildbahn leben und daher sicherer sind. Sie lernen, draußen im großen, gruseligen Internet zu leben. Diese Unternehmen florieren und sie haben Systeme, die viel sicherer und robuster sind.

Bitcoin, die Kanalratte

Sie denken vermutlich, *Wenn nicht öffentliche Blockchains und geschlossene Intranets Bubble-Boys sind, dann sind das wilde Internet und Bitcoin wie ein Kind, das Schlammkuchen isst. Ein System, das Immunität hat, etwas, das Krankheitserregern ausgesetzt ist.* Naja fast. Das wäre vielleicht die Analogie, die ich herstellen wollte, aber Sie kennen mich - ich werde ein bisschen weiter gehen.

Bitcoin ist nicht das Kind, das Schlammkuchen isst. Bitcoin ist ein Schwarm von Kanalratten. Knorrige Dinge, denen Augen, Krallen und Schwänze fehlen, wie die Tauben, die man auf dem Trafalgar Square sieht, die mit diesem mutierten Armstumpf herumhüpfen. Und was essen sie? Sie essen rohes Abwasser, sie essen Ihren Müll, sie essen die bösartigsten Dinge auf dem Planeten. Es gibt nichts auf dieser Welt, das mehr Stärke im Immunsystem hat als eine New Yorker Ratte oder Taube. Oder, Gott bewahre, ein Eichhörnchen. Diese Biester sind ekelhaft.

Eine Kanalratte wird keine Allergien haben. Sie wird nicht wegen ein bisschen Pollen niesen. Dieses Biest trägt bereits drei Variationen der Pest in sich und schüttelt sie einfach ab. Genau das ist Bitcoin. Probleme wie die Formbarkeit von Transaktionen ("transaction malleability" auf Englisch)? Die Ratte entwickelt sich weiter.

Angriffe wie DDoS (verteilte Denial-of-Service-Attacke) am offenen Port 8333? Die Ratte sagt: "Komm und hol mich!" Versucht es jemand? Hölle ja, alle versuchen es, seit sechs Jahren. Die Besten und Klügsten, die Gemeinsten und Bösartigsten, werfen alles, was sie können in diesen deformierten Schwarm von Kanalratten - diese Tausenden von Bitcoin-Knoten, die zuhören und den Launen des wilden Internets ausgesetzt sind. Und sie überleben.

Bubble-Boy Blockchains

Was werden die Banken Ihrer Meinung nach tun? Sie werden Bubble-Boy Blockchains bauen. Sie werden genehmigungspflichtige Blockchains bauen. Denken Sie geschlossene Blockchains leiden unter Transaktions-Formbarkeit? Hölle ja, das tun sie! Denken Sie, dass Altcoins unter der Formbarkeit von Transaktionen leiden?

Hölle ja, das tun sie! Man kann diese Dinge einfach nicht in Ordnung bringen, auch bei den geschlossenen Blockchains nicht. Das ist nur einer von tausenden und abertausenden Fehlern, Schwächen und eigenartigen Ausnahmen, die wir finden werden, während diese Systeme in der Wildnis leben. Wir bauen ein unglaublich robustes System, das bereits heute Gestalt annimmt.

Über die Idee hinaus, dass ein dezentrales Konsenssystem funktionieren kann, ist der Gedanke, dass dieses dezentrale Konsenssystem tatsächlich sechs Jahre lang überleben konnte, fast abstrus. Der einzige Grund, warum die Banken inzwischen auf den Gedanken gekommen sind, über genehmigungspflichtige Blockchains nachzudenken, ist, dass sie endlich die Phase des Verhandelns erreicht haben - die dritte Stufe der fünf Trauerphasen um die Branche, die sie verlieren werden.

Die fünf Trauerphasen der Banken

Sie beginnen mit Verleugnung. Die Grundlage der Verleugnung ist: "Dieses Ding wird nicht funktionieren, es wird jeden Tag bald sterben." Und das tut es nicht.

Dann sagen sie: "Es ist nur dummes Geld und es hat keinen Wert." Bis es einen hat. "Niemand sonst wird damit spielen." Außer, dass jemand es tut. "Ernsthafte Investoren werden hier kein Geld investieren."

Außer, dass sie es taten. Und es stirbt immer noch nicht. Die Banken bewegen sich von Ablehnung hin zur Verhandlung. Irgendwo dazwischen könnte Wut aufkommen. Es wird etwas Depression geben. Irgendwann werden sie es akzeptieren, aber es wird eine lange Zeit dauern.

Wenn man sich das Internet anschaut, sind wir jetzt etwa seit fünfundzwanzig Jahren damit beschäftigt, die Adoption voran zu treiben und den Einsatz zu erweitern. Es gibt viele Firmen da draußen, die denken, solange sie ihre HP / EMC / Cisco / Oracle / Microsoft Kacke hinter eine Umzäunung einer Firewall stellen, wird alles gut. Sie bauen immer noch Bubble-Boys und Intranets im Internet. Sie haben diese Lektion nach fünfundzwanzig Jahren noch immer nicht gelernt und im Finanzwesen wird es noch länger dauern.

Dezentralisierung, offene Protokolle, Open Source, kollaborative Entwicklung, das Leben in freier Wildbahn - das sind nicht nur Merkmale von Bitcoin; sie sind der springende Punkt. Wenn Sie eine genehmigungspflichtige Blockchain nehmen und sagen: "Das ist alles schön, wir mögen den Datenbank-Teil. Können wir das ohne die offene, dezentrale, Peer-to-Peer-, Open Source, nicht kontrollierte, verteilte Art verwenden?" Nun, Sie haben jetzt einfach das Baby mit dem Badewasser ausgeschüttet. Sie werden niemals eine Blase aufbauen können, die stark genug ist, um finanzielle Informationen zu sichern.

Plopp, die Blase platzt

Ironischerweise geschieht alles zur selben Zeit; jetzt wo die Banken endlich ins Internet kommen, werden sie Leck. Sie lecken aus jeder Öffnung. Anonymous, WikiLeaks, Insider - all das Zeug. Banken haben keine vertraulichen Transaktionen; sie haben keine Verschlüsselung, sie haben keinen Schutz der Privatsphäre, sie haben kein "Zero-Knowledge." Sie haben völlig offene Bücher.

Was packen sie obenauf? 'Kenne Deinen Kunden' ("Know-Your-Customer" oder *KYC* auf Englisch) und Geldwäschebekämpfung ("anti-money laundering" oder *AML*). Sie hängen Identitäten an alle Dinge, die sie tun, das bedeutet, wenn diese Datenbanken Leck werden, wird nicht nur jede Transaktion, sondern auch die komplette Geschichte zu allen Teilnehmer/innen im System öffentlich. Das ist, was sie bauen: sie bauen undichte Panoptiken für finanzielle Informationen.

Die Wahrheit der Panoptiken ist, wenn man ein Panoptikum baut, starrt jemand zurück. Wenn das Internet zurück starrt, sind das vier Milliarden Augenpaare. Ich bin nicht so besorgt um meine finanziellen Informationen bei meiner Bank, wenn diese Leck ist, werden vielleicht ein paar hundert Leute zurück starren. Aber wenn Angela Merkels Telefonnummern und Telefonanrufe öffentlich bekannt werden, starren alle zurück. Vor drei Tagen sind die internen Präsentationen und PowerPoints des US-Verteidigungsministeriums über ihr Drohnen-Attentats-Programm durchgesickert. Hatten sie ein Panoptikum gebaut? Vier Milliarden Augenpaare starren zurück.

Die eigentliche Frage, die wir uns zu den genehmigungspflichtigen Blockchains (Permissioned Ledgers) stellen sollten, lautet: Wollen Sie wirklich KYC / AML auf Bubble-Boys setzen? Wenn Sie all diese Informationen hinzufügen und die Datenbank in vier, fünf, sechs, zehn Jahren ein Leck hat, erhalten die Chronisten von Anonymous und WikiLeaks automatisch einen vollständigen Bericht über jede Transaktion, die jemals gemacht wurde. Das geheime Slush-Budget von Lockheed Martin. Das schwarze Budget Ihrer Regierung. Die Bestechungsgelder, die bezahlt wurden, um eine demokratisch gewählte Regierung abzusetzen oder zum Bohren einer Ölquelle in einem unberührten Regenwald. All dieser Scheiß wird auf WikiLeaks und überall im Internet zu finden sein. Sie werden die umfangreichen KYC-Metadaten bereitstellen, die Sie bei jeder Transaktion sorgfältig angelegt haben.

In der Zwischenzeit werden wir Bitcoin mit verschlüsselten, anonymen, privaten Transaktionen weiterbauen. Sie sollten den Aufbau von Bubble-Boys oder des Panoptikums, noch einmal überdenken, **denn beim Aufbau widerstandsfähiger Systeme geht es genau darum, sie kontinuierlichen Angriffen auszusetzen.** Das Essen von Schlammkuchen ist der Weg zu belastbaren Systemen.

Ich habe keine Angst vor genehmigungspflichtigen Blockchains (Permissioned Ledgers) - denaturierte, abgeschwächte, zentralisierte, schwache Systeme hinter Blasen. Sie werden nicht skalieren, sie werden nicht überleben, sie werden nicht sicher sein, sie werden keine Privatsphäre bieten; und sie *werden* ganz übel fehlschlagen.

Mehr Blasen!

Das Lustige ist, es wird lang dauern bis diese Lektion gelernt ist. Ich kann es jetzt schon sehen:

"Sir, wir hatten alle Drohnen-Attentate hinter einer Firewall gesichert, aber jemand platzte durch die Blase."

"In Ordnung, ruf den General. Hol mir eine zweite Blase, wir verdoppeln! Blasen in Blasen."

"Sir, sie platzen durch unsere Doppel-Blase."

"Titan Blasen! Wenn wir Lockheed Martin 100 Millionen Dollar bezahlen, können sie vielleicht eine doppelte Titan-Blase bauen, um all unsere Daten zu verstecken?"

"Sir, es dauerte 30 Sekunden, bis Anonymous es in Stücke gerissen und alle unsere Daten im Internet veröffentlicht hat."

"Hmm, ich frage mich, ob wir mehr Blasen bauen können?"

Aufbau des Sicherheitsschwarms

Sie denken, dass es eine Schwäche ist, Daten ins Internet zu stellen, ohne sie zentral zu kontrollieren. Es ist keine Schwäche. Diese Kanalratte da draußen ist nicht schwach. Es ist das Stärkste, was wir bauen können, weil es ständig angegriffen wird. Wenn man es in eine Blase einpackt, wird es nicht stärker; es denaturiert und wird schwächer, bis es eine blasse, immunsupprimierte, kleine Laborratte mit roten Augen ist, die stirbt, wenn sie der Grippe das erste Mal ausgesetzt ist.

Das ist Sicherheit. **Sicherheit ist ein Prozess - ein Prozess der Offenheit und des Augesetztseins.** Es ist ein Prozess der ständigen Anpassung an neue Angriffe und des dynamisch immer robuster und weniger fragil Werdens.

Wir führen Bitcoin in einer Welt voller fragiler Systeme ein: Zentralbanken, zentrales Bankwesen, monetäre Systeme, die nicht in der Lage sind, einen Aufschwung in der Wirtschaft zu erreichen. In diesem Umfeld führen wir ein robustes, globales, dezentrales System ein. Es ist heute robust; es ist nicht perfekt, es hat Fehler. Aber wir verstecken diese Fehler nicht. Wir kündigen sie an, wir verherrlichen sie, wir diskutieren sie, wir laden Leute ein, sie anzugreifen. Wir nehmen diese Informationen und machen sie jeden Tag stärker.

Deshalb gewinnen wir. Denn während sie Bubble-Boys bauen, bauen wir einen Schwarm von Kanalratten.

Vielen Dank.

Kapitel 8 - Eine neue Art des Geldes

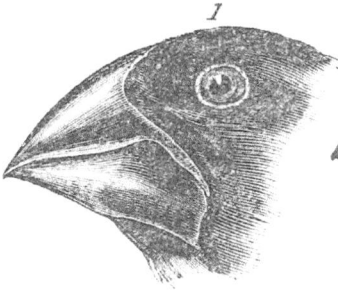

1. Geospiza magnirostris

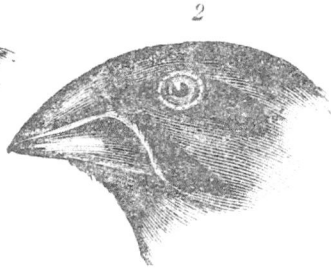

2. Geospiza fortis

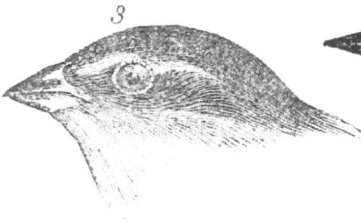

3. Geospiza parvula

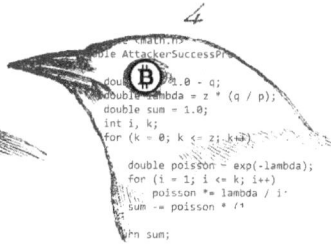

4. Satoshi Nakamoto

Bitcoin Milano Meetup; Mailand, Italien; Mai 2016

Video Link: https://youtu.be/G-25w7Zh8zk

Eine kleine Welle, die sich ausbreitet

Heute werde ich aus evolutionärer Perspektive über Geld sprechen. Über dieses Thema habe ich schon eine ganze Weile nachgedacht. Ich bin kein Biologe aber ich habe ein großes Interesse am Thema Evolutionsbiologie. Es gibt vermutlich keine Biolog/innen im Publikum, was gut ist, weil es sein kann, dass ich Dinge nicht ganz korrekt wiedergebe, was Biolog/innen verärgern könnte.

Ich spreche in allgemein gehaltenen Worten und es ist mehr eine Erzählung, um Ihnen zu helfen, zu verstehen, wohin diese Dinge führen.

Etwas wirklich Wichtiges ist am 3. Januar 2009 passiert. Die Welt hat sich verändert. Aber wie bei vielen grundlegenden und signifikanten Veränderungen in der Welt, haben das nur sehr wenige Menschen bemerkt. Fast niemand hat es bemerkt. Diese Veränderung begann als kleine Welle und breitete sich weiter aus. Jetzt sind wir hier, sieben Jahre später, und diese kleine Veränderung, Bitcoin, schreibt die Geschichte der Menschheit und die Gesellschaft radikal um. Wir sind Teil von etwas Einzigartigem. Wir sind Teil von etwas ganz Besonderem, etwas, das als Idee begann - von der nicht einmal der Erfinder oder die Erfinderinnnen wußten, ob sie funktionieren würde. Zu Beginn hatten die Menschen, die sich die Idee und die Theorie hinter Bitcoin ansahen, viele Argumente, warum es nicht funktionieren würde.

Im Internet sind einige der interessantesten Dinge, diejenigen, die in der Theorie nicht funktionieren, aber *in der Praxis* schon. Mein Lieblingsbeispiel ist Wikipedia. Wenn Sie objektiv über Wikipedia nachdenken, basierend auf dem Wissen über die menschliche Natur, kann es nicht funktionieren. Warum sollte jemand monatelang einen Artikel über eine einzelne Pokémon-Karte schreiben? Das macht keinen Sinn und doch machen Leute das. Wir unterschätzen manchmal die menschliche Natur.

Bitcoin ist ähnlich. In der Theorie ist die Funktionsweise schwierig zu verstehen; in der Praxis hat sie eine Revolution hervorgebracht. Sie hat etwas komplett Neues geschaffen.

Neues Geld, neue Nische

Die Ära vor Bitcoin kann durch eine Zeitspanne kurzer Dauer dargestellt werden, die zu Beginn des 20. Jahrhunderts mit der Einführung des Zentralbankwesens begann. Zum ersten Mal wurde das Geldes vollständig von der Ware (Warengeld) getrennt und von den Zentralbanken auf nationaler Ebene verwaltet. Dies ist ein ganz anderes Modell als zuvor und es hat bis heute Bestand. Viele von uns im Bitcoin Bereich glauben, dass wir, wenn wir in hundert Jahren zurückblicken, das Zentralbankwesen als ein kurzlebiges und nicht besonders erfolgreiches Experiment sehen werden.

Bitcoin ist anders, nicht weil es das Zentralbankwesen ablöst, sondern weil es die Tür zu einer neuen Form des Wettbewerbs öffnet - eine Form des Wettbewerbs, bei der Geld von jeder Person im Internet geschaffen werden und das Geld sofort, global, fälschungssicher, offen und sicher sein kann. Mit diesem neuen System haben wir nicht nur eine neue Form von Geld geschaffen, sondern auch eine neue Nischen-Umgebung, in der Geld untereinander im Wettbewerb steht.

Meiner Meinung nach **beginnen wir mit der Erfindung des Internet Geldes die ersten Modelle der netzwerk-zentrierten Geldentwicklung zu sehen, bei denen verschiedene Geldformen als Arten konkurrieren.** Sie konkurrieren, indem sie eine Nische finden und sich durch einfachen Wettbewerb an diese Nische anpassen.

Das ist noch nie zuvor passiert. Der Grund, warum das noch nie zuvor passiert ist, ist, dass die Welt dieser Art des Geldes feindlich gegenüberstand. Grenzen, Geographie, Nationalstaaten beschränkten die Fähigkeit von Geld, sich auf globaler Basis zu verbreiten und mit anderem Geld zu konkurrieren. Was am 3. Januar 2009 passierte, war ein sehr bedeutendes Ereignis, weil es das Umfeld, in dem Geld konkurriert, grundlegend veränderte.

Unterbrochenes Gleichgewicht

Das beste Beispiel, dass ich anbieten kann, ist ein Verweis auf einen ganz besonderen Moment in der Geschichte dieses Planeten, als der Sauerstoffgehalt in der Atmosphäre anzusteigen begann. Dadurch wurde die Möglichkeit eines aeroben Stoffwechsels geschaffen, was bedeutet, dass Arten nun Sauerstoff in Energie umwandeln konnten. Zuvor waren alle Arten anaerob: sie metabolisierten ohne Sauerstoff, sie lebten in einer sauerstofffreien Umgebung. In der Tat ist Sauerstoff für sie giftig; Sauerstoff ist ein Oxidationsmittel, es ist Gift für einen anaeroben Organismus. Es ist wie eine Säure; es zerstört sie.

Was passierte als sich die Umwelt veränderte, um aeroben Stoffwechsel zu ermöglichen? Plötzlich öffnete sich eine völlig neue Umgebung für die Konkurrenz von Arten, die nicht mit der vorherigen Art konkurrierten, weil sie in einer völlig anderen Nische lebten. Sie hatten einen wesentlichen Vorteil, weil aerober Stoffwechsel eine Größenordnung effizienter ist. Innerhalb kürzester Zeit hat sich der Planet verändert. Anaerobe Organismen wurden in die tiefsten Spalten der Welt gedrängt; sie existieren noch immer am Boden des Marianengrabens, begraben in Gletschern, in Vulkanen, an Orten, wo der Sauerstoff nicht hinkommt. Sie existieren noch, sie sind nicht weg, aber dies ist jetzt ein Planet von Sauerstoff atmenden Organismen. Die Welt hat sich verändert.

Eines der interessanten Dinge an der Evolution ist, dass sie nicht linear funktioniert. Sie funktioniert durch einen Prozess, der "unterbrochenes Gleichgewicht" genannt wurde. Die Dinge halten für eine lange Zeit ihr Gleichgewicht und plötzlich herrscht Hochbetrieb in der Evolution, da sich viele Dinge gleichzeitig ändern. Wenn sich Umgebungen öffnen, entwickeln sich Arten in kurzer Zeit sehr schnell.

Dann erreichen sie wieder ein Gleichgewicht und bestehen für Tausende, Hunderttausende oder Millionen von Jahren. Dann verändert sich wieder etwas: einige Umweltfaktoren, einige äußere Reize, einige Fortschritte in der Evolution; möglicherweise sind Arten in der Lage DNA anstelle von RNA zu erzeugen; Sauerstoff kommt in die Atmosphäre, ein Meteor schlägt ein (bei den Dinosauriern) oder ein anderes geologisches Ereignis tritt auf.

Der Meteor für altes Geld

Am 3. Januar 2009 erschien ein Meteor am Himmel unserer Gesellschaft. Bis zu diesem Zeitpunkt waren Banken die Könige dieses Planeten. Wie riesige schwerfällige Dinosaurier, die seit Millionen Jahren dominieren und mit völliger Missachtung - sogar Verachtung - auf die kleinen pelzigen Säugetiere traten, wenn sie um den Planeten liefen. Aber es hat sich etwas geändert und sehr bald werden diese Säugetiere die Erde übernehmen.

In diesem neuen Umfeld konkurriert Bitcoin nicht mit Banken, da Bitcoin sich an eine andere Nische anpasst. Bitcoin ist nicht das Geld des physischen Raums, es ist das Geld des Internets. Bitcoin ist nicht das Geld des Nationalstaates; es ist das Geld der Welt. **Bitcoin ist nicht das Geld der heutigen Generation; es ist das Geld der kommenden Generationen.** Es konkurriert nicht mit dem Bankwesen; für Bitcoin sind Banken, Grenzen und physisches Geld irrelevant. Genauso wie für Säugetiere die Dinoasaurier irrelevant waren und anaerobe Bakterien für aerobe Bakterien irrelevant sind, es sei denn, sie sind als Nahrung geeignet.

Wenn man sich diese ökologische Nische von Bitcoin ansieht, erkennt man, dass es sich nicht nur um eine neue Art von Geld handelt, sondern um eine Explosion in der Ökologie des Geldes. Am 3. Januar 2009 gab es 164 Währungen. Heute gibt es mehr als 3.000 Währungen; von diesen, sind alle - außer die 164 - digitale, dezentralisierte Internet-Gelder. Sie sind die neuen Arten, die im Internet leben. Die meisten von ihnen sterben aus, viele werden verschwinden, aber die Art als Ganzes wird sich weiterentwickeln.

Wenn man sich die Entwicklung des Geldes in dieser Nische ansieht, erkennt man, dass es viele Faktoren gibt, die diese Entwicklung beeinflussen. Einer der Faktoren sind wir Menschen. Wir geben diesen Dingen Leben. Diese Evolution ist keine Evolution durch zufällige Mutation; sie wird von Designer/innen entwickelt. In diesem Raum gibt es Leute, die die Entwicklung dieser neuen Währungen lenken.

Dabei reagieren sie auf Umweltreize: Angebot, Nachfrage, die Bedürfnisse der Kunden, die Anwendungen, die sie im Auge haben, unerschlossene Märkte und Möglichkeiten, in denen traditionelle Währungen nicht passen. Sie lenken die Entwicklung dieser Währungen, um die Vorteile dieser neuen Nischen zu nutzen.

Aber es gibt auch ein weiteres Umfeld, denn zur gleichen Zeit, in der sich diese neuen Währungen entwickeln, befinden sich die alten Währungen in einer Krise. Wir sind jetzt mit einer beispiellosen Währungskrise auf der ganzen Welt konfrontiert, die Dutzende von Währungen und Dutzende von Ländern betrifft.. Es betrifft jede Zentralbank. Wir sind in einem Umfeld, das es in den letzten zweihundert Jahren nicht gegeben hat.

Als ich aufwuchs und grundlegende Makroökonomie studierte, besagte die ökonomische Lehrmeinung, dass die niedrigsten Zinssätze die es geben kann, bei Null liegen, allerdings werden sie nie so weit hinunter fallen, sie fallen nie komplett auf Null. Und doch sind jetzt gleich zwanzig verschiedene Zentralbanken bei Null; nicht nur vorübergehend, einige von ihnen seit acht Jahren, einige von ihnen länger. Ich glaube, die japanische Bank ist am längsten bei Null. Einige von ihnen sind sogar in den Bereich der Minuszinsen gekommen. Bis vor ein paar Jahren war das undenkbar.

Der Mehrheit dienen

Bitcoin wird die Zentralbanken nicht zerstören. Bitcoin interessiert sich nicht für Zentralbanken. Die Zentralbanken leisten gute Arbeit, sich selbst zu zerstören. Wir leben in einer Welt, in der Millionen von Menschen keinen Zugang zu Finanzmitteln, keinen Zugang zu Banken und keinen Zugang zu traditionellen Finanzinstrumenten haben. Diese Menschen nutzen ausschließlich Bargeld einer einzelnen Währung, isoliert vom Rest der Welt. Das ist eine Umgebung, in der Bitcoin gedeihen kann.

Wir werden uns nicht im Bereich des traditionellen Bankwesens breit machen, denn es gibt eine größere Nische. Die "graue" Wirtschaft macht mehr als 60% der Weltwirtschaft aus. Die Banklosen, die Abgelehnten und die Unterversorgten *sind* die Mehrheit. Die ohne Wahlrecht und die Entmachteten *sind* die Mehrheit. Das ist die Nische, die Bitcoin erschließt.

Wir werden weiterhin den Bedürfnissen der Menschen dienen, die heute nicht bedient werden; einige von uns machen es, weil es eine Frage des Prinzips oder der Ideologie ist, andere von uns, einfach weil es eine Nachfrage gibt und es umsichtig, vernünftig sowie profitabel ist.

Aufkeimender Widerstand

In dieser Evolution der Währungen werden wir externe Anreize sehen. Einer der wichtigsten Punkte, den man beachten sollte, ist, dass diese neuen Währungen angegriffen *werden* und angegriffen *wurden*; mit Fehlinformationen, Propaganda und in einigen Ländern mit direkten Angriffen, mit legalen Angriffen, mit rechtlichen Angriffen außerhalb des Rechts und des Justizsystems. Diese neuen Währungen verringern die Macht von Menschen und Organisationen, die an Macht gewöhnt sind. Daher stellen sie eine Bedrohung dar.

Für wen stellen sie eine Bedrohung dar? Die Frage, die Sie sich stellen sollten, lautet: **welche Art von Regierung und welche Art von Organisation ist durch die Idee bedroht, dass Menschen unabhängige finanzielle Kontrolle und Handhabe über ihr eigenes Geld haben?** Eine Regierung, die sich davon bedroht fühlt, fühlt sich auch durch die fundamentalen Konzepte der Renaissance, der Aufklärung, durch die Versammlungsfreiheit, Meinungsfreiheit, Redefreiheit und Handelsfreiheit bedroht. Eine Regierung, die sich durch Freiheit angegriffen fühlt, ist keine Regierung, die ich unterstützen möchte.

Vermutlich sind die meisten Regierungen im Westen heutzutage nicht gegen Bitcoin. Sie sind neugierig, sie verstehen es nicht. Sie wollen wissen, wie es in den Status Quo passt. Sie wollen es zähmen, kontrollieren, kooptieren. In anderen Ländern, in denen es eine ernsthafte Bedrohung darstellt, weil es Freiheit repräsentiert, ist Bitcoin illegal und mit sehr hohen Strafen belegt.

Ein wichtiger Aspekt eines evolutionären Systems ist, dass es nicht stillsteht. Wenn Sie ein Raubtier in ein Umfeld einführen, dann entwickelt sich das System weiter, um sich zu verteidigen. Wenn das Raubtier ein Versuch ist alle Benutzer des Systems zu identifizieren, was der Evolution von Bitcoin und anderen Kryptowährungen widerspricht, wird das System sich weiterentwickeln und unauffälliger und anonymer werden.

Wenn Sie eine Kryptowährung isolieren, lösen Sie eine bestimmte Art von beschleunigter Evolution aus. Das haben wir auch bei der Entwicklung der Arten beobachtet. Arten, die isoliert wurden, zum Beispiel in Australien, wurden durch den erbitterten Wettbewerb um sehr begrenzte Ressourcen zu den giftigsten und gefährlichsten Tieren der Welt. Alles in Australien versucht sie zu töten. Die Einheimischen lieben es, Tourist/innen darauf aufmerksam zu machen; sie erfinden sogar Arten, die nicht existieren, nur um Reisende zu erschrecken. Aber warum haben sich die Arten in Australien so entwickelt? Weil sie isoliert und unter Druck gesetzt wurden. Wenn Sie etwas isolieren und unter Druck setzen, passt es sich an, indem es seine Tarnung erweitert, seine Giftproduktion ankurbelt und seinen Widerstand erhöht.

Bitcoin besitzt bereits ein Element der Evolution, das ziemlich effektiv ist. Im derzeitigen Regulierungssystem bekommen Banken, die versuchen, Bitcoin zu schlucken, Verdauungsstörungen. Es bringt sie nicht um, aber sie bekommen Bauchschmerzen. Bitcoin kann vom traditionellen Bankensystem nicht übernommen, vereinnahmt oder absorbiert werden, was in der Evolution ein großer Vorteil ist. Es bedeutet, dass wir weiterhin unser eigenes Ding machen können, ohne uns Sorgen zu machen, vom traditionellen System verschluckt zu werden. Dies ist eine große Überraschung für das traditionelle Bankenwesen. In den letzten 50 Jahren waren sie daran gewöhnt, jede Art von Konkurrenz zu schlucken, sie können diese nicht schlucken - sie schmeckt nicht gut.

Vielfalt und Fragmentierung bei Kryptowährungen

Wenn wir die Evolution des Geldes betrachten, beobachten wir die Explosion von Tausenden neuer Währungen. Das wird sich fortsetzen. Wir werden Tausende und dann Zehntausende und dann vielleicht Hunderttausende von neuen Währungen sehen. Wenn Sie darüber nachdenken, ergibt das keinen Sinn. Wenn Sie das aus der traditionellen Perspektive des Geldes betrachten, stellt sich die Frage, wie können wir Hunderttausende von Währungen haben? Wie können diese überhaupt einen Wert haben?

Was dann passiert, ist Fragmentierung; sie haben einen Wert, aber nur für kleine und kleinere Gruppen, was das übliche Verhalten von Geld ist. Geld entsteht unter kleinen Gruppen. Die Idee eines Geldes für eine ganze Nation ist relativ neu. Beobachten Sie Kinder im Kindergarten, sie entwickeln ihr eigenes Geld, ihre eigene Geldkultur. Sie tauschen Gummibänder, Pokémon Karten und Würfel. Sie nutzen es als Sprache, um sich auszudrücken.

Von den Hunderttausenden von Währungen, die sich in diesem Bereich entwickeln werden, wird die große Mehrheit keinen "realen wirtschaftlichen Wert" außerhalb der kleinen Gruppe haben, die sie verwendet. Vielleicht werden einige von ihnen Ihre bevorzugte Fußballmannschaft repräsentieren (was beim heutigen Vortrag Mailand ist). In manchen Städten ist das eine gefährliche Frage, denn die Hälfte des Raumes sagt ein Team, die andere Hälfte sagt das andere Team und dann beginnen die Faustkämpfe. Zum Glück ist das hier kein Problem.

Stellen Sie sich Währungen vor, die Loyalität gegenüber einer Künstlerin, einem Sportteam, Freund oder Unternehmen darstellen. Stellen Sie sich Währungen vor, die verwendet werden, um Waren oder Vermögenswerte und Sharing-Tokens für einen Taxidienst darzustellen oder viele andere Arten von Dingen, die wir uns noch nicht mal vorstellen können. Dies ist ein völlig neuer Bereich. Von diesen Hunderttausenden von Währungen werden wir einige sehen, die sich sehr ähnlich wie traditionelles Geld verhalten, in dem sie als primäres Mittel zum Austausch und zur Wertaufbewahrung in Gesellschaften genutzt werden.

Kosmopolitische Währung

Aber das werden keine geographischen Gesellschaften sein, das werden Gesellschaften gemeinsamer Ziele sein. Dies werden flexible Organisationsformen und Gruppen sein, die im Internet jenseits aller Grenzen und über Nationalstaaten hinaus existieren. Wir erleben die Entstehung einer kosmopolitischen Klasse, kosmopolitisch denkender Menschen und einer kosmopolitischen Währung, eine Währung, die der ganzen Welt gehört - nicht einer einzigen Nation.

Wir sehen die Entstehung solcher Währungen, die nicht mit traditionellen Währungen konkurrieren. Wir werden den Euro nicht durch Bitcoin ersetzen; in der Tat, wäre das eine Katastrophe. Das wäre noch schlimmer als der Euro, vermutlich, weil der Grund für das Versagen des alten Geldes der Zwang zum Monopol und zentraler Kontrolle ist. **Die fundamental evolutionäre Eigenschaft des neuen Geldes ist Dezentralisierung und Wahlfreiheit.** Deshalb konkurrieren wir nicht um diese Umgebung; wir schaffen unsere *eigene* Umgebung.

Traditionelles Bankwesen und Relikte des alten Denkens verlassen

Wenn Sie an diese Formen des neuen elektronischen Geldes denken, ist der instinktive Gedanke zunächst, sie im Kontext traditionellen Geldes zu bewerten. Wie viele Euro ist ein Bitcoin heute wert? Alle in diesem Raum kennen die Antwort darauf. Das zeigt, dass wir Bitcoin immer noch im Kontext des traditionellen Geldes bewerten. Wir gehen weiterhin davon aus, dass wir, wenn wir etwas verdienen, dies wahrscheinlich in traditionellen Währungen tun; wir werden das Geld tauschen, wir werden wieder tauschen und in traditionellen Währungen bezahlen.

Mit diesem Gedanken müssen Sie über Wechselkurse und Volatilität nachdenken. Nun, ich bin einer der Menschen, die dies nicht mehr so machen. Es gibt nicht viele von uns, wahrscheinlich nur ein paar Tausend. In den letzten drei Jahren habe ich Einnahmen in Bitcoin erhalten. In den letzten zwei Jahren habe ich fast ausschließlich in Bitcoin verdient.

Allmählich tätige ich die große Mehrzahl meiner Ausgaben auch in Bitcoin. In vielen Fällen ist der Preis in traditionellen Währungen angegeben, aber im Laufe der Zeit wird dies immer weniger der Fall. Ich benutze Bitcoin, um andere Kryptowährungen, Dienste, Speicherplatz, Webseiten, Bandbreite, VPNs usw. zu kaufen. Das einzige, was mir hier wichtig ist, ist die Kaufkraft. In meiner Vorstellung entwickelt sich Bitcoin von einem einfachen Tauschmittel, das ich in eine andere Währung übersetze, zu einem Wertspeicher, der seine eigene Kaufkraft völlig unabhängig von anderen bewahrt.

Eines Tages wird sich dieser Wandel vollständig vollziehen. Zuerst bei einigen wenigen Menschen und dann bei mehr Menschen. Wir werden eine Wirtschaft aufbauen, die komplett in digitalen Währungen bezeichnet und betrieben wird, vollständig im Internet - niemals tauschend, niemals das traditionelle Bankensystem berührend. Außerhalb des Systems. Eines Tages wird die Antwort auf die Frage, "Wie viel ist ein Bitcoin wert?" "1000 Millibits" sein.

Die Nische der Kryptowährungen

Sie müssen das Ihren Kindern erklären. Ihre Kinder müssen das ihren Kindern nicht mehr erklären. Sie werden ihren Kindern Papiergeld erklären müssen, genauso wie ich jüngeren Leuten VHS und Faxgeräte erklären muss. Ich merke wie alt ich bin, wenn ich an einer Verkehrsampel andere Personen nach dem Weg fragen will und ich diese "Fenster-runter-Kurbel-Geste" mache. Das ist heutzutage eine sinnlose Geste, denn es gibt seit fünfundzwanzig Jahren keine Autos mit Fensterkurbeln mehr. Ältere Menschen verstehen, was ich meine. Für Jüngere ist es ein Rätsel. Solche Dinge sind Relikte alten Denkens.

Sie merken erst, dass Sie in Relikten alten Denkens verharren, wenn Sie die Möglichkeit bekommen, aus diesem Kontext auszusteigen. Bitcoin gibt uns diese Möglichkeit. Bitcoin ist das Vehikel mit dem wir aus den traditionellen Vorstellungen von Geld, die an Geographie und Nation gebunden sind, von einer Zentralbank kontrolliert werden und mit Vermittlern zur Schaffung von Vertrauen ausgestattet sind, aussteigen. Wir steigen aus diesen aus und re-evaluieren fundamentale Wahrheiten. Was bedeutet es zu vertrauen? Was bedeutet es in einem netzwerk-zentrierten System Autorität zu besitzen? Was bedeutet es Wert auf globaler Ebene auszudrücken?

Wenn wir in diesen neuen Kontext eintreten, entwickeln *wir* uns als Gesellschaft. Wir bewegen uns jetzt in die Nische der Kryptowährungen hinein.

Danke schön.

Kapitel 9 - Was ist Geld "streamen"?

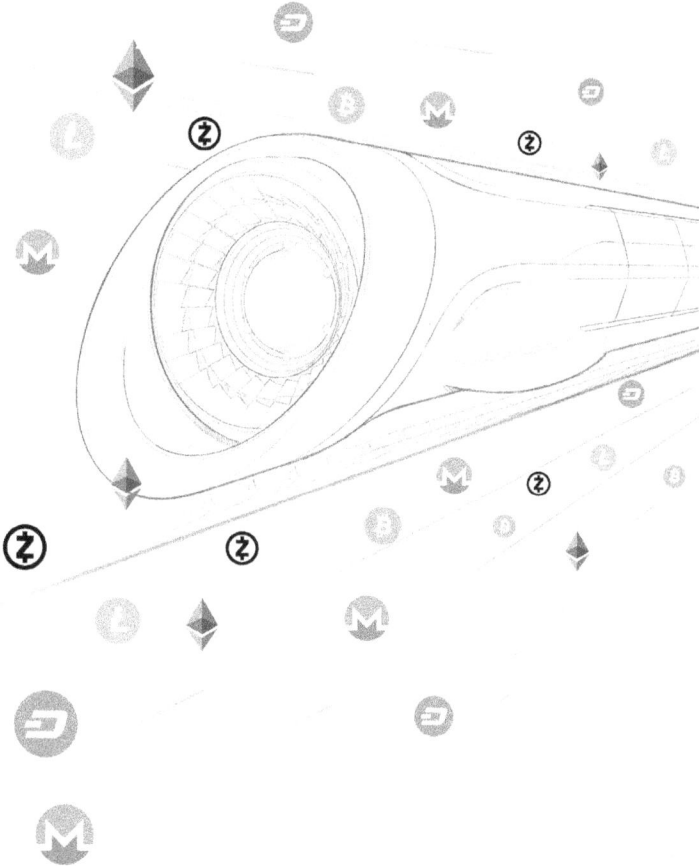

Die Zeitdimension des Geldes

Wenn Sie Bitcoin von außen betrachten, wenn Sie sich mit Bitcoin beschäftigen, aber nicht die Zeit haben, jede neue technische Innovation zu beobachten, ist es schwer zu erkennen, was hinter den Kulissen los ist. Was hinter den Kulissen passiert, ist *eine Menge* sehr interessanter Arbeit. Bitcoin heute ist nicht dasselbe wie Bitcoin 2009. Es verändert sich ständig, wobei ständig neue Technologien eingeführt werden. Die Geschwindigkeit, mit der neue Technologien eingeführt werden, nimmt laufend zu.

Einer der faszinierendsten Aspekte von Bitcoin wurde gegen Ende des Jahres 2015 eingeführt: das Hinzufügen einer Zeitfunktion zu Bitcoin-Transaktionen. Diese neue Erfindung hat die Möglichkeit geschaffen, den Zeitpunkt wann eine Transaktion eingelöst und ausgegeben werden kann, zu kontrollieren. Diese spezielle Erfindung wird *CheckLockTimeVerify* (CLTV) genannt, was ein sehr technisches Wort für etwas ziemlich Mächtiges ist.

Wenn man es zum ersten Mal sieht, denkt man: *Okay, großartig. Ich kann mein Geld hineinlegen, es sperren, und sagen, dass dieses Geld für neunzig Tage nicht abgehoben werden kann.* Wenn einige von Ihnen Probleme mit Kaufsucht oder einer materialistischen Konsumhaltung haben und kein Geld sparen können, außer sie sperren es weg, könnte das nützlich sein. Sie können es einfach so verwenden: "sperre mein Geld für neunzig Tage". Das Schöne am Bitcoin-Netzwerk ist, dass wenn Sie eine Bedingung wie "sperre es für neunzig Tage" setzen, es für neunzig Tage gesperrt ist. Es gibt absolut nichts, was irgendjemand tun könnte, um diese bestimmte Beschränkung rückgängig zu machen.

Aber wenn Sie diese Zeitdimension nur aus der Perspektive betrachten, eine individuelle Geldsumme zu sperren, verpassen Sie das eigentlich Interessante an diesem Punkt. Wirklich interessant ist die Tatsache, dass dadurch eine Reihe neuer Anwendungen geschaffen werden können, um die Zeitdimension des Geldes zu steuern. Das ist eine bahnbrechende Neuerung und die meisten Menschen haben noch nicht bemerkt, dass die Dinge sehr schnell, sehr interessant werden.

Eine der ersten Anwendungen, die *CheckLockTimeVerify* und *CheckSequenceVerify* verwendet, die dabei zwei auf Zeit basierende Einschränkungen sind, ist eine Technologie, die als Zustandskanäle (engl. State Channels) oder Zahlungskanäle (engl. Payment Channels) bezeichnet werden. Oder breiter gefasst, als **Lightning Netzwerk.**

Dies ist eine komplexe Technologie. Lassen Sie mich mit einer kurzen Beschreibung dieser Technologie beginnen, und dann sehen wir uns die Möglichkeiten an, die dadurch entstehen. Wir werden uns ansehen, was es bedeutet, Geld zu streamen.

Bidirektionale Zahlungskanäle erklärt

Bidirektionale Zahlungskanäle ermöglichen Transaktionen zwischen zwei Parteien, die nicht direkt auf der Bitcoin-Blockchain aufgezeichnet werden. Grob gesagt, richten die Parteien einen bidirektionalen Zahlungskanal ein, verwenden eine Multisignatur-Adresse und tauschen dann Versprechen mit einer zeitlichen Dimension aus.

Lassen Sie mich ein praktisches Beispiel geben: nehmen wir an, wir sind in einer Bar die Getränke serviert und Kryptowährungen als Bezahlung akzeptiert - eine Krypto-Bar! Anstatt für jedes Getränk einzeln zu bezahlen, möchte ich anschreiben lassen und öffne einen "Deckel" im Wert von 10 Euro in Bitcoin. Um das zu tun, schreibe ich Bitcoins im Wert von 10 Euro in eine Multisignatur-Adresse und öffne einen Zahlungskanal zwischen der Bar und mir. Wenn ich ein Getränk bestelle und die Bedienung sagt: "Das kostet 1 Euro" (es ist ein sehr billiges Getränk), signiere ich eine Transaktion, die besagt: "Von den 10 Euro, die wir gemeinsam an einer Multisignatur-Adresse halten, wird 1 Euro an die Bar gezahlt, die anderen 9 Euro werden mir zurückerstattet." Ich übergebe der Bedienung die signierte Transaktion, aber bitte sie, sie noch nicht ans Netzwerk zu senden - weil ich noch weiter trinken will.

Fünf Minuten später: "Das war ein leckeres Getränk, ich nehme noch eins." Ich erstelle und signiere eine neue Transaktion; diese überschreibt die vorherige Transaktion, die wir noch nicht an das Netzwerk gesendet haben. Die neue Transaktion lautet: "Die Bar bekommt 2 Euro (von den 10 Euro) und ich bekomme 8 Euro zurück" und ich werde die Bedienung bitten, diese Transaktion ebenfalls zu halten. Obwohl die Bedienung zwei Transaktionen in der Hand hält, bezahlt nur eine davon die Bar für zwei Drinks. Wenn die Bedienung den "Deckel" schließen möchte, sendet sie nur die letzte Transaktion zur Verarbeitung an das Netzwerk. Wenn sie das macht, bekomme ich auch meine 8 Euro Wechselgeld. Ich bin glücklich und sie ist glücklich. Wir können beide jederzeit die Transaktion abschließen und wir haben das Geld transferiert, aber nichts davon ist bisher auf der Bitcoin-Blockchain aufgezeichnet.

Nun, das ist eine wirklich gute Nacht, also trinke ich noch etwas. Ich signiere eine neue Transaktion, die lautet: "Die Bar bekommt 3 Euro und ich bekomme 7 Euro rückerstattet." Dies geht so lange hin und her, bis ich schließlich sage, dass ich den "Deckel" schließen möchte. Die letzte Transaktion - sagen wir, es sind 5 Euro in

Getränken und 5 Euro, die rückerstattet werden - wird tatsächlich aufgezeichnet. Insgesamt haben wir sechs gültige Transaktionen ausgetauscht, aber nur zwei werden auf der Bitcoin-Blockchain aufgezeichnet - die eine, mit der gestartet wurde (10 Euro) und die am Ende (5 Euro Getränke, 5 Euro Rückerstattung).

Beachten Sie, dass ich so viele und so kleine Transaktionen erstellen kann, wie ich möchte. Denn wir zahlen keine Gebühr dafür. Wir zahlen nur eine Gebühr für den finalen Betrag. Ich könnte außerdem sehr, sehr kleine Beträge in diesem Zahlungskanal übertragen.

Geroutete Zahlungskanäle

Bidirektionale Zahlungskanäle sind eine wirklich interessante Technologie. Es wird noch interessanter, wenn Sie mehrere bidirektionale Kanäle kombinieren, um ein geroutetes Netzwerk zu erstellen. Sagen wir, ich sitze mit meinem Freund dort, ich trinke und er trinkt, und wir haben zwei Zahlungskanäle zur Bar. Im Moment schulde ich der Bar 5 Euro und mein Freund schuldet 6 Euro. Wir entscheiden uns Billard zu spielen und wetten: "Wer gewinnt, bekommt 5 Euro."

Also spielen wir eine Partie Pool und ich verliere, weil ich ein schlechter Pool Spieler bin. Ich verliere ganz hoch. Mein Freund könnte auch ein Falschspieler sein und diese Tatsache verbergen; egal, ich verliere eindeutig. Jetzt schulde ich meinem Freund 5 Euro. Wie bezahle ich ihn?

Nun, ich könnte direkt bezahlen, indem ich einen neuen Zahlungskanal mit meinem Freund starte. Aber wir haben bereits beide einen Kanal mit der Bar offen. Hier ist eine andere Option: Ich könnte zur Bedienung gehen und sagen: "Aktuell schuldet er dir 6 Euro und ich schulde dir 5 Euro. Wie wäre es, wenn du seinen Deckel änderst, sodass er dir nur 1 Euro schuldet und ich dir 10 Euro schulde?" Großartig jetzt müssen wir keinen weiteren Zahlungskanal anlegen. Wir erstellen zwei Transaktionen, eine, bei der ich 10 Euro an die Bar sende, und eine, bei der der "Deckel" meines Freundes auf 1 Euro reduziert ist. Wir schließen beide Zahlungskanäle und ich habe meinen Freund bezahlt, ohne direkte Verbindung zu ihm.

Das Lightning Netzwerk kurz zusammengefasst

Stellen Sie sich mit diesem Konzept im Kopf vor, Zehntausende von Zahlungskanälen in einem gerouteten Netzwerk zu verbinden. Wo ich - im Prinzip das Netzwerk entdecken und - zum Beispiel sagen kann, ich möchte Taylor ein "Millibit" geben, das ist ein Tausendstel Bitcoin.

Nun bin ich nicht mit Taylor verbunden, aber Taylor ist mit Rowan verbunden und Rowan ist mit Jesse verbunden und Jesse ist mit Casey verbunden. Ich bin mit

Casey verbunden, also gebe ich Casey ein Millibit, aber nur, wenn Casey es Jesse gibt, nur wenn Jesse es Rowan gibt und nur wenn Rowan es Taylor gibt.

Wenn Taylor das Millibit erhält, dann wird Rowan bezahlt, Jesse wird bezahlt und ich bezahle Casey. Und das ist das Prinzip des Lightning Netzwerks auf den Punkt gebracht: es ist eine Reihe einfacher Smart Contracts.

Smart Contracts mit Bitcoin

Diese Smart Contracts verwenden drei Bitcoin Technologien. Eine ist die Multisignatur-Technologie. Eine weitere ist "timelock", bestehend aus: *CheckLockTimeVerify* und *CheckSequenceVerify* - meistens *CheckSequenceVerify*, was bedeutet relative Zeit ab der vorherigen Transaktion.

Und schließlich eine neue Erfindung namens "Hashed Timelock Contracts" oder "HTLC". Dadurch kann eine Zusicherung abgesendet werden, die nur durch einen Secret Key freigeschaltet werden kann. Das sind Smart Contracts mit Bitcoin.

Geschwindigkeit, Vertrauen und Gewissheit

Hier wird es lustig. Das wirklich Interessante daran ist die Geschwindigkeit, mit der ich diese Transaktionen verarbeiten kann. Diese Transaktionen sind vollständig ausgeformte Bitcoin-Transaktionen, die durch das Bitcoin-Netzwerk garantiert werden. Jede der Parteien kann sich jederzeit abwenden; wir müssen uns nicht vertrauen. Wir können die letzte Transaktion durchführen, sie an das Netzwerk senden und alle Kanäle jederzeit schließen.

Wir können jetzt Transaktionen genauso schnell austauschen, wie wir elliptische Kurven-Signaturen verarbeiten und so schnell wir diese Zahlungen untereinander übermitteln können. Wie schnell das ist? Millisekunden. Wir können Beträge ausgeben, die so klein sind wie 1 Satoshi (acht Dezimalstellen, die kleinste Einheit eines Bitcoins). Ich kann jetzt Satoshis in Millisekunden über ein Netzwerk von Zehntausenden von Teilnehmer/innen übertragen, die alle auf einer Ebene oberhalb von Bitcoin verbunden sind.

In rechtlicher Hinsicht handelt es sich um Forderungsabtretungen. Es ist eine Reihe von Schuldscheinen, eine Reihe zukunftsgerichteter Zusagen. Wenn eine Partei ihre Zusage nicht einhält, dann kann sie auch nicht die Zusage annehmen, die sie in diesem gerouteten Netzwerk bekommen würde. Niemand kann Geld bekommen, ohne die Bedingungen des Kontrakts zu erfüllen. **Es ist ein System von Smart Contracts, bei dem sie keinem anderen Teilnehmer vertrauen müssen.**

Fakt ist, wenn dies richtig umgesetzt ist, haben Sie keine Ahnung, wer die anderen Teilnehmerinnen sind. Sie sagen einfach: "Ich bezahle Alex ein Zehntel Bitcoin.

Finde mir eine Route. Großartig, es braucht 233 Hops, um dorthin zu gelangen? Egal." Genauso wie Sie keine Ahnung haben, wie ihr TCP-Paket tatsächlich bei Google angekommen ist; es ist Ihnen egal. Es ist das gleiche System.

Onion-Routed Privatsphäre

In Wahrheit ist es sogar besser, weil die erste Implementierung des Lightning Netzwerks auf dem Onion-Routing basiert, wie bei Tor. Jede Verbindung ist verschlüsselt. Das bedeutet, dass, wenn Sie eine Zahlungszusage im Lightning Netzwerk erhalten, Sie keine Ahnung haben, ob die Person, die es an Sie sendet, die gleiche Person ist, die die Transaktion gestartet hat oder nur jemand, der sie von jemand anderem weiterleitet.

Sie haben keine Ahnung, ob die nächste Person, an die Sie sie senden, das Ende der Transaktion ist oder ob Sie es an einen anderen Ort weiterleiten. Sie haben nur die Information über einen Hop. **Das Lightning Netzwerk erhöht massiv die Privatsphäre und Anonymität.**

Verwendung mit anderen Implementierungen und Coins

Sie können das Lightning Netzwerk auf Ethereum ausführen. Sie können das Lightning Network auf einer beliebigen Kryptowährung ausführen, die folgende drei Grundelemente aktiviert hat: Prüfen von Hashes, Multisignatur-Verträge und zeitbasierte Kontrollen. Es ist ein Netzwerk, das über alles gelegt werden kann.

Ich hoffe, dass jetzt alle ein grundlegendes Verständnis vom Lightning Netzwerk haben. Wichtig ist, dass Sie damit bilaterale Verpflichtungen erzeugen können, die es ermöglichen, Geld in verschiedenen Zeitabständen zu streamen, und dass es als zweite Ebene über die Bitcoin Ebene gelegt werden kann. Nun sehen wir uns an, wie das die Situation ändert.

Die gestreamte Erfahrung und das Wesen des Lohnes

Die Art wie wir heute über Geld denken, ist bestimmt durch die Rahmenbedingungen des Geldes. Jede Art des Geldes erlegt der Nutzung bestimmte Restriktionen auf und wir stellen uns Geld innerhalb seiner jeweilige Rahmenbedingungen vor statt in der reinen Form der Wertübertragung. Wenn Sie das Medium, die Rahmenbedingungen ändern, ändert sich die Botschaft. Wenn Sie die Granularität der Zeit ändern, passieren sehr seltsame Dinge.

Wie viele von Ihnen erhalten Lohn? Wie viele von Ihnen erhalten Ihren Lohn automatisch auf Ihr Bankkonto? Okay, das sind fast drei Viertel des Publikums. Und wie oft werden Sie bezahlt? Monatlich? Warum?

Das ist eine Frage, die wir uns kaum stellen: was sind die Eigenschaften von Lohn und warum bekommen wir ihn in monatlichen Abständen? Warum teilen wir Geld in monatliche Beträge? Es gibt einen sehr guten Grund dafür. Es ist ein Beispiel für Geld, das die Eigenschaften seiner Rahmenbedingungen übernimmt. Das Medium der Banküberweisungen, die Buchhaltungssysteme sowie die Möglichkeiten Angestellte zu bezahlen, sind beschränkt. Häufige Überweisungen sind im Bankensystem teuer.

Musik Streaming, Film Streaming

Betrachten wir einige Parallelen in der Geschichte. Gerade jetzt leben wir im Zeitalter des Streamings im Internet. Streaming ist eines dieser enorm leistungsfähigen Konzepte geworden, die die Art und Weise verändern, wie wir verschiedene Dinge konsumieren, wie wir verschiedene Dinge im Internet erleben. Zum Beispiel, MP3-Musik verschwindet. Warum? Weil ich nicht dreißigtausend MP3s auf meinem mobilen Gerät speichern möchte, wenn ich sie in Echtzeit von einem Provider streamen kann. Wie viele Leute hier haben aufgehört, MP3s auf Ihren mobilen Geräten zu speichern und begonnen einen Streaming-Dienst zu benutzen? Das sind 75% des Publikums. Dieses Konzept gab es vor zehn Jahren nicht.

Viele von uns, die in das frühe Internet involviert waren, erkannten, dass sich irgendwann der Wert der Speicherung der Daten im Vergleich zum Live-Streaming ändern wird und niemand seine eigene Musiksammlung mehr speichern würde. Fakt ist, der Wert entsteht jetzt durch die Kuration der Musik, durch die DJs und die Playlisten. Wenn ich die dreißigtausend MP3s auf meinem Laptop nehme und "Shuffle" drücke, passieren furchtbare Dinge. Warum? Weil ich eine sehr breite, genreübergreifende Musiksammlung habe. Ich könnte innerhalb von drei Minuten von Tschaikowsky zu Iron Maiden und zu Justin Bieber wechseln. Das könnte meiner Psyche schaden, besonders wenn ich bei Justin Bieber ende (okay, ich besitze keine Musik von Justin Bieber, aber nur als Beispiel). **Im Endeffekt schätzen wir mittlerweile das Erlebnis der Musik mehr als den dauerhaften Besitz von Musik. Wie wir Musik erleben, hat sich verändert.**

Dasselbe passierte bei Videokassetten. Erinnern Sie sich, als Sie in den Laden gehen mussten, um eine Videokassette zu holen? Für alle unter dreißig Jahren: eine Videokassette ist so ein Plastikding, das man zurückspulen muss; ähnlich einer DVD, nur mühsamer. Wenn Sie Filme auf diese Art sehen, ändert sich Ihr Erlebnis. Sie haben eine begrenzte Auswahl und überlegen sehr genau, was Sie kaufen. Sie erleben das auf eine andere Art; Sie setzen sich tatsächlich hin und sehen den ganzen Film und genießen ihn. Durch das Video-Streaming haben sich unsere Erwartungen verändert. Nicht nur die Erwartungen in Bezug auf die Art und Weise, wie wir Filme erwerben, wie bei Netflix. Die wirklich wichtige Veränderung ist die Entstehung von Dingen wie YouTube. Früher haben wir Filme mit einer Dauer von eineinhalb Stunden gesehen, dann fünfzehn Minuten und jetzt konsumieren wir Video-Inhalte in sechs Sekunden dauernden "Vines" und Instagram-Videos. Das ist ein komplett anderes Erlebnis.

Sie sehen, durch die Änderung der Rahmenbedingungen hat sich das Erlebnis Video verändert. Jetzt können Sie beginnen Videos in noch kleineren Mengen zu konsumieren. Die Videos könnten von einer ganzen Reihe von Leuten geschaffen werden, die Sie nie getroffen haben, die kein Produktionstalent haben und trotzdem überraschend gut sind. Video Streaming hat das Wesen der Videos verändert. Musik Streaming hat das Wesen der Musik verändert.

Geld Streaming und Cashflow

Was passiert, wenn wir beginnen, Geld zu streamen? Wenn wir Zahlungen im Abstand von Millisekunden tätigen können, die so klein wie ein Satoshi sind, warum werden wir dann nicht minütlich für unsere Arbeit bezahlt? Dies hat einige wirklich wichtige Auswirkungen. Wenn wir das rein aus der Perspektive der Lohnzahlungen betrachten, arbeiten wir jetzt in Echtzeit. **Geld wird zu einem Echtzeit-Ding und sein Wesen verändert sich grundlegend.**

Ich habe neulich ein interessantes Video gesehen. Ein Team an einer Universität hat eine Kamera entwickelt, die 1 Billion Bilder pro Sekunde aufnehmen kann. Sie sandten einen Lichtstrahl durch eine Plastikflasche und zeichneten das mit ihrer Kamera auf. Im Video verwandelt sich der Lichtstrahl plötzlich in ein Lichtbündel, das sich durch die Flasche bewegt. Sie können tatsächlich Photonen, einzelne Photonen sehen, die zu Lichtpulsen verklumpen und sich durch die Flasche bewegen. Licht sind eigentlich Quanten, es sind getrennte Einheiten. Wir kennen es anders: für uns ist Licht eine Welle, ein Fließen. So ist die Natur.

Was passiert, wenn Sie die Zeitdimension des Geldes ändern? Was passiert, wenn wir Gewohntes durchbrechen und in Pakete getrennte Zahlungen, wie wir sie seit Generationen kennen - monatliche Gehälter, vierteljährliche Buchhaltung und wenn sie Glück haben tägliche Gehaltszahlungen - in Millisekunden durchführen können? Wenn wir Mikrozahlungen in Millisekunden abwickeln, dann erhält das Wort Cashflow eine völlig neue Bedeutung. **Geld ist ein Fluss; es ist ein kontinuierlicher Strom, wobei der Betrag keine Bedeutung mehr hat.** Stellen Sie sich vor, Sie führen in Echtzeit die Buchhaltung in Ihrem Unternehmen durch, basierend auf ein- und ausfließenden Geldströmen. Wir haben noch nicht einmal an der Oberfläche gekratzt. Bis jetzt.

Zahlungen komprimieren, Systeme verändern

So wie das Internet alle Medien auf ein einziges Netzwerk zusammenführte, so führen Bitcoin und Kryptowährungen die Zahlungsnetzwerke zusammen. Wer das Leben ohne Internet kennt (und ich kenne das gut), weiß, dass wir für das Senden von Fotos ein Netzwerk hatten, das Fax. Wir hatten Kommunikationsnetzwerke für Briefe, Telex genannt. Wir hatten Kommunikationsnetze für das Senden von Sprache, das nannten wir Telefon. Das Internet vereinte alles.

Heute existieren große Zahlungsnetzwerke, mit denen sich Regierungen gegenseitig bezahlen; kleine Zahlungsnetzwerke, um uns gegenseitig bezahlen; Zahlungsnetzwerke, für die Konsument/innen oder für den Handel. Zahlungsnetzwerke für große Beträge, Zahlungsnetzwerke für kleine Beträge.

Bitcoin ermöglicht Transaktionen von der Mikro- bis zur Giga-Transaktion. Es hat den Bereich der Zahlungen verdichtet, ein einziges Netzwerk kann Zahlungen im Wert von Milliarden genauso leisten wie in Cent. Das ist die Verdichtung des Zahlungsbereiches. Wenn wir jetzt wie bei Bitcoin eine Zeitdimension hinzufügen, werden wir die Zeit verdichten. **Wir werden eine komplett neue Dimension des Geldes erschließen, in der wir Geld als kontinuierlich fließenden Minuten-Strom adressieren können, der zusammengesetzt oder in einzelne Ströme geteilt werden kann.**

Wenn ich "Geld streamen" sage, dann wird es noch fünfzehn Jahre dauern bis wir wirklich verstehen, was das bedeutet: wie wirkt sich das für Zahlungen unter uns Menschen aus, was verändert sich bei Unternehmenszahlungen, was bei grenzüberschreitenden Zahlungen, was bedeutet es für den Nationalstaat. Ich weiß nicht, wie sich das entwicklen wird, aber ich weiß eines: es wird groß sein. Das ist Geld streamen.

Vielen Dank.

Kapitel 10 - Der Löwe und der Hai

Video-Link: https://youtu.be/d0x6CtD8iq4

Bitcoin und Ethereum vergleichen

Manche Leute haben mich "Bitcoin Maximalist" genannt. Ich bin kein Bitcoin Maximalist. **Ich interessiere mich für die Möglichkeiten offener, öffentlicher, grenzenloser, dezentraler, erlaubnisfreier Blockchains, die alles Herkömmliche in Frage stellen.** Ich denke, dass es in diesem Bereich genügend Raum für verschiedene Lösungsansätze für viele verschiedene Probleme gibt.

Was ist Ethereum? Was ist Bitcoin? Wie sind die beiden zu vergleichen? Mal sehen, was Google zu sagen hat. Wenn ich in die Google-Suchleiste "Ethereum ist …" tippe, schlägt Google als ersten Suchbegriff "Ethereum ist … tot" vor. Die gute Nachricht ist, dass Ethereum damit nicht allein ist. Wenn man "Bitcoin ist …" eingibt, schlägt Google "Bitcoin ist … tot" vor.

Wir sehen bereits, dass **diese beiden Systeme eines gemeinsam haben: sie werden konsequent unterschätzt.** Ich nenne sie "Zombie-Währungen". Sogar nach dem Doppelschuss, den Sie ihm während der Zombie-Apokalypse verpasst haben, hören Sie "Grrr!" hinter Ihnen, nachdem Sie aus dem Supermarkt rauskommen, den Sie gerade geplündert haben. Wie immer weigert sich der Zombie zu sterben.

Wenn Sie tatsächlich die Suche "Ethereum ist …" ausführen, finden Sie auf der Webseite von Ethereum.org eine Definition: "Ethereum ist eine dezentrale Plattform, auf der Smart Contracts laufen: Anwendungen, die genauso ausgeführt werden, wie sie programmiert sind, ohne dass es zu Ausfallzeiten, Zensur, Betrug oder Einmischungen durch Dritte kommen kann."   Wenn Sie "Bitcoin ist … " eingeben, sehen Sie den Titel von Satoshi Nakamotos Whitepaper, in dem es heißt: "Bitcoin: ein System für Peer-to-Peer elektronisches Bargeld."

Jetzt müssen wir uns fragen: sind sie, was sie sagen, dass sie sind? Ist Ethereum tatsächlich das, was auf der Webseite steht? Ist Bitcoin das, was im Whitepaper steht? Wenn wir diese Frage stellen, müssen wir die unausweichliche Folgerung betrachten: **was Gründer erschaffen wollten, ist nicht immer das, was daraus geworden ist.**

Unbeabsichtigte Folgen

Das sollte nicht überraschen, das gilt für jede Technologie. Je disruptiver sie ist, desto weniger kann ein Gründer oder eine Erfinderin vorhersagen, was es letztlich wird, wie es sich entwickelt und wie es sich für verschiedene Anwendung eignet.

"Das Internet ist ..." ein militärisches Netzwerk, das die Kontinuität der Datenweiterleitung im Falle eines gezielten, strategischen, nuklearen Angriffs gegen die Vereinigten Staaten ermöglichen soll. Oder das weltweit größte Verzeichnis für Katzenvideos. DARPAs Ziel war es nicht, das weltweit größte Verzeichnis für Katzenvideos zu schaffen.

Tim Berners-Lee entwarf das Internet, um Physiker/innen die Möglichkeit zu geben, Wissensdokumente, Daten und Bilder zwischen Forschungseinrichtungen auszutauschen, nicht um Fotos von ihrem Essen zu posten oder den richtigen Kamerawinkel fürs Duckface zu finden, um alle gleichzeitig auf der Welt zu beeindrucken. Unbeabsichtigte Folgen sind Teil der Technologie.

Entscheidungen sind evolutionäre Kompromisse

Technologie ist ein Werkzeug; als Werkzeug existiert es nicht in einem Vakuum. Es ist in der Gesellschaft aufgetaucht und die Gesellschaft entscheidet, wie jede Person dieses Instrument dezentral nutzt. Wenn Sie das Werkzeug verwenden, ändern Sie das Werkzeug. **Ihre Interaktion mit der Technologie ändert ihre Natur. Es formt sich zu dem, was Sie möchten, das es wird.** Das trifft auf zentralisierte Technologien zu; es trifft auf dezentrale, offene Systeme bei denen Innovation ohne Erlaubnis möglich ist zu, und wenn die Entwicklung vom Konsens gesteuert wird, noch zehnmal mehr zu.

Es ist absolut naiv anzunehmen, dass nur weil Gründer denken, so wird es sein, auch alles genau so sein wird. Es stellt sich heraus, dass Ethereum kein System für Anwendungen ist, die genau so laufen, wie sie geschrieben wurden, ohne Einmischung oder Zensur von Dritten usw. Bitcoin ist nicht einfach ein System für Peer-to-Peer elektronisches Bargeld.

Systeme entwickeln sich und das Schwierige an der Evolution ist, dass, selbst wenn sie zielgerichtet ist, wenn man sich für irgendeine Funktion des Systems entscheidet, ist man durch zwei Dinge eingeschränkt: 1) Sie haben keine Ahnung was der Markt oder die Gesellschaft mit dieser Wahl tun wird oder welchen Lauf dies nehmen wird und 2) wenn Sie eine Wahl treffen, schließen Sie immer einen Kompromiss.

Wenn Sie sich für einen Weg entscheiden, verschließen sich andere Wege. Wenn Sie ein Hai sind und Kiemen haben, können Sie im Salzwasser atmen, aber Sie können nicht im Freien atmen. Wenn Sie ein Löwe sind und Krallen entwickeln, werden Sie nicht die Geschicklichkeit der Primaten mit ihren Fingern haben. Jede Entscheidung öffnet einen Pfad und schließt Milliarden anderer Möglichkeiten, die verfolgt hätten werden können. Selbst wenn Sie genau wissen würden, wohin Sie gehen, haben Entscheidungen Konsequenzen. Sie begrenzen die Möglichkeiten, sie sind von Natur aus Kompromisse.

Könige der umgebenden Nischen

Ich benutze den Löwen und den Hai als Beispiel, um zu zeigen wie Ethereum und Bitcoin im Vergleich betrachtet werden können. Wenn Ethereum ein Hai ist, ist es das Spitzenraubtier in seiner Umgebung. Es ist ein schneller Schwimmer, es kann unter Wasser atmen, es frisst alles, was es stört. Wenn Bitcoin ein Löwe ist, regiert er das Land, aber er kann nicht gut schwimmen. Sie können diese beiden Raubtiere nie wirklich in einen Kampfring stecken und sagen: "Der Stärkere gewinnt!" Denn das Ergebnis entscheidet sich ausschließlich danach, ob Sie den Kampfring mit Wasser füllen oder nicht.

Die Tauglichkeit für bestimmte Zwecke wird durch den evolutionären Prozess in einem Markt entschieden. Es gibt kein "Bestes." In evolutionärer Hinsicht wird mit Fitness nicht "das Stärkste" gemeint, sondern das für die Umgebung Anpassungsfähigste.

Dann stellt sich die Frage: wie sieht die Umgebung für Ethereum aus? Wie jene für Bitcoin? Welche Anwendungen werden am besten mit einem System wie Ethereum gelöst? Welche Anwendungen eignen sich am besten, um sie mit Bitcoin oder einem der anderen Systeme zu lösen? Notwendigerweise haben manche Entscheidungen Konsequenzen.

Flexible Komplexität, robuste Sicherheit

Ich bin kein Maximalist, weil ich denke, dass Maximalismus sowohl kontraproduktiv als auch anmaßend ist. Maximalismus geht davon aus, dass man nicht nur Kontrolle über die Ergebnisse hat, sondern sogar die Fähigkeit, die Ergebnisse in der Zukunft vorherzusehen. Ich kann nicht einmal vorhersagen, was in dieser Branche in drei Monaten passieren wird, weil es sich so schnell ändert.

Wofür ist Ethereum am besten geeignet? Ethereum hat einige sehr spezifische Kompromisse gemacht; diese waren nicht zufällig, sie sind sehr bewusst getroffen worden. Es ist eine Turing-vollständige Sprache, die eine enorme Flexibilität in der Programmierung bietet und Ethereum Anwendungen sehr nahe an die original angedachte Plattform bringt.

Bitcoin ist nicht Turing-vollständig. Das ist kein Zufall. Es ist nicht Turing-vollständig aus einem ganz bestimmten Grund. Es wurde in seiner Flexibilität begrenzt, um eine sehr robuste Sicherheit zu bieten. **Einfachheit ist eine grundlegende Sicherheitspraxis.** Wenn Sie sich entscheiden, die Dinge auf sehr simple Weise zu tun, um sie sehr robust zu machen, schließen Sie notwendigerweise die Tür für Milliarden von Anwendungen, die auf Basis einer Plattform mit robuster Sicherheit nicht erfunden werden können.

Wenn Sie sich entscheiden, die notwendige Flexibilität für diese Anwendungen zu bieten, müssen Sie sich auch für viel schnellere Entwicklung und viel mehr Komplexität entscheiden - dies bedeutet mehr Fehler, viele unerwartete Bedingungen, sehr viele unvorhersehbare und unbeabsichtigte Konsequenzen. Aus dem Einen folgt das Andere.

Offene Blockchain Maximalist

Ethereum und Bitcoin haben sich auf unterschiedliche Wege begeben. Bitcoin kann viele Dinge nicht tun, die Ethereum kann. Ethereum kann viele Dinge nicht tun, die Bitcoin kann. Aber sie können *beide* etwas Wunderbares: **sie können elementare Institutionen der Gesellschaft um netzwerk-zentrierte Organisationssysteme, statt um Institutionen, neu ordnen.** Sie können, da es keiner Erlaubnis bedarf, neue Innovationsmöglichkeiten schaffen, denn jede Person kann Anwendungen entwickeln, bei denen die Markt-Mindestgröße nur zwei Personen sein muss, das genügt.

Wenn ich eine App habe und jemand anderer diese App ausführen will, haben wir ein Netzwerk erzeugt. Wir können auf Ethereum oder Bitcoin eine Anwendung ausführen. Wir müssen niemanden um Erlaubnis fragen. Das ist magisch, es ist großartig. In beiden Fällen schafft es diese exponentielle Explosion von Innovationen, die wir noch nie gesehen haben. Dies wird sich auf einige gesellschaftliche Institutionen und Strukturen auswirken, die seit Beginn der industriellen Revolution unverändert geblieben sind. Das ist das einzigartige Versprechen.

Ich bin kein Bitcoin Maximalist. Ich bin kein Ethereum Maximalist. Ich *bin* ein Maximalist für offene, grenzenlose, dezentralisierte, erlaubnisfreie Systeme, die es uns ermöglichen Probleme in der Gesellschaft mit Technologien zu lösen, die für alle offen sind. Ich denke, das ist ein magisches Rezept. Es spielt keine Rolle, ob Sie versuchen, diese Probleme mit Ethereum oder Bitcoin zu lösen oder was Sie denken, was Ethereum oder Bitcoin ist. Sie entscheiden das nicht und selbst Vitalik kann das nicht entscheiden. Der Markt entscheidet.

Der Sandkasten der Innovation

Wenn Sie ein System wollen, wo Gründer entscheiden - diese haben wir bereits und sie heißen hierarchische Institutionen; unsere Gesellschaft wird von ihnen geführt. Wenn Sie ein System wollen, in dem es keine Möglichkeit gibt, sich auf unbekanntem Territorium weiter zu entwickeln oder es keine Möglichkeit für Veränderungen oder unbeabsichtigte Konsequenzen gibt, dann ernennen Sie einen Diktator, der alle Entscheidungen trifft und die Dinge werden viel einfacher. Die

Ergebnisse sind vorhersehbar: wirtschaftliche Ausgrenzung, menschliches Elend, Armut, Verlust der Freiheit. Einige profitieren jedoch enorm von diesen Systemen.

Aber wenn Sie sich entscheiden im Sandkasten von Ethereum oder Bitcoin mitzuspielen, sagen Sie sich: "Ich weiß nicht, was passieren wird, weil ich nicht verantwortlich bin." Noch besser, niemand weiß, was passieren wird, weil niemand das Sagen hat. Diese Systeme wurden in einem Meer von Kreativität entfaltet, in dem der Markt entscheiden wird, welche Anwendungen die besten sein werden. Vielleicht funktioniert es, vielleicht auch nicht.

Am Ende werden diese Dinge in einem Nischenumfeld landen, in dem sie perfekt für eine ganz spezielle Reihe von Anwendungen passen. Wir haben jetzt noch keine Ahnung, was das sein wird. Feiern Sie den Löwen, feiern Sie den Hai. Sie sind beide Könige ihrer eigenen einzigartigen Nischen.

Vielen Dank.

Kapitel 11 - Raketenwissenschaft

Video-Link: https://youtu.be/OWI5-AVndgk

Ethereums Killer App

Worüber ich heute sprechen möchte, ist das Konzept einer "Killer App" und wie wir die Killer App für Ethereum finden. Es ist auch bei Bitcoin ein Thema. Eine der häufigsten Fragen, die ich gestellt bekomme, lautet: "Was ist die Killer App für Ethereum?"

Und, "Bitcoin zu ersetzen, ist übrigens nicht die richtige Antwort...

Die "Killer App" ist eine interessante Frage. Wenn Leute sich die App-Landschaft ansehen und versuchen sich alle möglichen Anwendungen auf Basis von Bitcoin oder Ethereum vorzustellen, versuchen die meisten einen Raum abzustecken, für den sie eine Anwendung erstellen. Aber diese Ideen sind nicht immer die ersten auf dem Markt, sie sind nicht immer die ersten Erfolgsgeschichten. Manche Anwendungen erfordern Voraussetzungen, sie benötigen Infrastruktur oder sie erfordern eine große Konzentration von Benutzer in einer bestimmten Region oder sie benötigen eine Branche, in der viele Benutzer zusammenarbeiten, um eine Technologie zu übernehmen. Am Anfang einer Technologie entstehen nicht die gleichen Anwendungen als einige Jahre später nach unzähligen Weiterentwicklungen.

Ich war in den frühen Tagen des Internets dabei und selbst in den frühen 1990er Jahren wusste jeder, dass Video-on-Demand eine Killer App werden würde. Das lag völlig auf der Hand. 1993 sah ich eine Live-Demonstration eines Videokonferenz-Gesprächs; das bedeutete damals: zwei Räume, deren Ausstattung etwa 2 Millionen Pfund kostete und eine Verbindung über Glasfaser zwischen der Universität von London und einer Universität in den Vereinigten Staaten. Es war der Höhepunkt eines zweijährigen Projekts und es war *ziemlich dasselbe*, was wir heute mit einem Skype-Anruf kostenlos tun können. Damals schon waren Videoanrufe eine offensichtliche Killer App, aber das Internet war nicht so weit, dies in großem Umfang zu ermöglichen. Netflix würde in absehbarer Zeit sicher nicht passieren, das war damals klar.

Wenn Sie über die Implementierung einer Killer App nachdenken, können Sie nicht einfach nur eine Auswahl an Anwendung implementieren. Es geht auch darum, was Sie umsetzen können, mit dem, was Sie heute haben. Was erfordert die geringste Infrastrukturinvestition? Was benötigt die geringste Nutzeranzahl und bietet dennoch eine praktikable Lösung für ein echtes Problem?

Das sind die Fragen, über die ich viel nachdenke.

Bitcoins Killer App

In Bitcoin ist eine Killer App ziemlich offensichtlich. Weltweit sind grenzüberschreitende, hohe Zahlungen besonders schwierig; schwierig, weil es Währungskontrollen gibt, schwierig, weil Ihre Regierung verrückt ist und 100 Billionen-Dollar Scheine druckt, schwierig, weil es sehr hohe Gebühren oder geringe Möglichkeiten für Bankgeschäfte gibt. Das ist eine ideale Umgebung, richtig?

Der Grund dafür ist, dass es nicht viel braucht, um besser zu sein. Sie könnten langsam sein und alles, was Sie tun müssen, ist bloß nicht langsamer zu sein als die Banken. Sie könnten teuer sein, und alles, was Sie tun müssen, ist bloß nicht teurer zu sein als die Banken. Und nun haben Sie eine praktikable Lösung für ein echtes Problem. Um diese Lösung anzunehmen, müssen nur Senderin und Empfänger teilnehmen. Man braucht dafür keine massive Infrastruktur.

Blockchains und Dapps

Was ist nun die Killer App für Ethereum? Bei Bitcoin ist alles aus den Fugen geraten und alle sind verrückt nach Blockchain. "Lasst sie es 'Blockchain' nennen", steht auf meinem T-Shirt. Der Spruch macht sich über die Idee lustig, dass alles, was einmal eine Datenbank war, jetzt eine "Blockchain" ist. Plötzlich, wie magisch, erwirbt eine Datenbank diese Eigenschaften: unveränderlich, unzensurierbar, neutral, grenzenloser Betrieb usw., diese Eigenschaften sind nicht wirklich Merkmale einer Blockchain. Sie sind Merkmale bestimmter *Arten* von Blockchains.

Wenn Sie eine Datenbank nehmen und bloß ein paar Hashes hineinschieben, wird daraus keine unveränderliche Blockchain! Aber Consultants machen damit gutes Geld.

Was passiert bei Ethereum? Alles ist eine "Dapp" (dezentrale Anwendung). "App" plus *d* entspricht "Dapp." Lass uns dies dappen, dapp das, dappen wir das nächste Ding. Lasst uns alles dappen! Dapp' die Welt! Was in etwa das Gleiche ist wie bei "Blockchain."

Die Haie fangen zu kreisen an und rufen: "Da ist Geld im Wasser, es gibt Risikokapitalgeber, die Geld auf Dinge werfen, die sie nicht verstehen. Wir haben einen Hype Begriff. Es ist das neue Web 2.0, lasst uns damit etwas machen! Lasst uns etwas nehmen, was wir bereits vorher gemacht haben, setzen Blockchain davor, und nun ist das was wir machen, cool. Und - am wichtigsten - finanzierbar!" "Lasst uns nehmen, was wir bis jetzt gemacht haben, setzen 'Dapp' davor und was wir tun, ist jetzt finanzierbar!"

Das ist eine Gefahr. Sie merken es schon. Ich möchte die Enterprise Ethereum Alliance nicht zu streng behandeln, aber diese Leute sind nicht Ihre Freunde. Die Idee, dass all diese Unternehmen ihre großzügige Aufmerksamkeit auf Ihre Technologie richten und sie plötzlich in Ihren Unternehmensanwendungen zum Leuchten bringen werden... Was sie am meisten interessiert ist doch eigentlich das "Forken" des Codes und das Erstellen geschlossener, langweiliger Versionen davon, die sie an ihr Management verkaufen können.

Solange sie nichts wirklich Disruptives tun, werden sie eine Weile das Ethereum Pony reiten. Aber irgendwann wird die Zeit kommen, in der das, was sie tun, disruptiv und interessant wird und dann werden sie die magischen Worte sagen: "**Wir sind an der Technologie hinter Ethereum (Dapps) interessiert, nicht an Ethereum selbst.**" Hört sich das bekannt an? Merken Sie sich meine Worte, das wird passieren. Es sei denn, sie tun nichts wirklich Interessantes. Aber wenn, dann wird das passieren.

Ethereums Mondflug, DAO Verträge

Was ist das Wesen von Ethereum? Für mich sind es Smart Contracts. Wo verwenden die Leute normalerweise Verträge? Die meisten Verträge, die ich je unterzeichnet habe und die meisten Verträge, die ich je geschrieben habe, sind für Business-to-Business (B2B) Interaktionen. Ich habe einige Verträge als Verbraucher unterzeichnet, aber ich verwende viel mehr Verträge in meinem Unternehmen. Unternehmen können nur mit Verträgen arbeiten.

Besonders interessant dabei ist, dass private Handelsverträge zwischen zwei Unternehmen normalerweise keiner Regulierung unterliegen. Ich kann wählen, in welcher Rechtsordnung ich tätig sein möchte; ich kann meine Rechtsform wählen. Solange es eine Beziehung zwischen meiner Firma und einer anderen Firma ist, geht es niemanden etwas an, was wir in diesen Vertrag schreiben. Das ist ein sehr offener Bereich. Die Regulatoren interessiert das nicht. Es ist irgendwie neutral.

Eine bestimmte Art von Verträgen sind die wichtigsten; was ist der erste Vertrag, den Sie in *jedem* Unternehmen abschließen sollten? Der Gesellschaftsvertrag. Es ist der "Hey Partner, betrüg' mich nicht und lauf' nicht mit dem Geld davon" Vertrag. So stellen Sie sicher, dass die Menschen, mit denen Sie diese Partnerschaft, dieses Unterfangen, dieses Konstrukt bilden, sich so verhalten werden, wie Sie es erwarten. Das ist der erste Vertrag.

Das Unternehmen selbst ist ein Vertrag. Dieser Vertrag ist der entscheidende Vertrag, der es ermöglicht, dass **Ethereum die Bedeutung eines Unternehmens**

in der modernen Welt neu definiert: das Wesen eines Unternehmens, die
dezentrale autonome Organisation oder DAO. Das ist die Killer App.

Es ist der Bereich, der die Regulierungsbehörden größtenteils nicht interessiert. Es
ist der Raum, in dem Sie die größte Freiheit haben, völlig neue Wege zu finden,
neue Systeme, die der Mensch in großem Maßstab organisieren kann. Es ist
Ethereums Mondflug. Es ist die Möglichkeit, dies auf eine ganz neue Ebene zu
bringen, es in eine Mondumlaufbahn zu bringen, wenn Sie möchten.

Die Raketenwissenschaft der Governance

Um in die Mondumlaufbahn zu gelangen, braucht man Raketenwissenschaft. Smart
Contracts zu schreiben, um Unternehmen zu organisieren, *ist* Raketenwissenschaft.

Was ist die grundlegende Erkenntnis der Raketenwissenschaft? Im Grunde
genommen, dass der Unterschied zwischen einer Rakete und einer Bombe sehr
gering ist. In Bezug auf die grundlegende Chemie ist eine Rakete eine sehr große
exotherme Reaktion. Der Unterschied zwischen einer Rakete und einer Bombe
besteht darin, dass eine Rakete eine *kontrollierte* exotherme Reaktion ist, bei der der
gesamte Ausstoß in eine ganz bestimmte Richtung gelenkt wird. Stellen Sie sich das
als Governance vor; es ist eine Bombe mit Steuerung. Das ist der Unterschied. Eine
Rakete ist das Ergebnis, wenn Explosivstoffe gesteuert werden.

Das Problem ist, dass wenn Leute die unglaubliche Kraft einer Rakete sehen,
sie die meiste Zeit von der "Big Boom" Möglichkeit - der explosiven Seite der
Dinge - begeistert sind. Dies gilt auch für Smart Contracts, denn **bei einem Smart
Contract ist Geld der Treibstoff und der Smart Contract die Steuerung.** Die
Raketenwissenschaft eines Smart Contracts ist sicherzustellen, dass der Treibstoff
des Geldes durch die Steuerung des Smart Contracts, nicht in Ihrem Gesicht
explodiert.

Wenn Sie Raketenwissenschaft verwenden, um Raketen zu bauen, ist es
sehr enttäuschend, wenn Ihr Nachbar Stevie beschließt 150.000 Kilogramm
hochexplosiven Treibstoff an einen Gartenstuhl fest zu machen und sagt: "Mit
meiner Rakete werde ich die menschliche Raumfahrt erobern!"

Natürlich ist es ein Albtraum für Stevie, aber es schädigt auch den Ruf der
Raumfahrt für andere. Von diesem Moment an werden alle, die nach dem Begriff
"menschliche Raumfahrt" suchen, online gehen und das erste Ergebnis wird ein
YouTube-Video von Stevie Boy sein, der einen gigantischen Krater in seinen
Hinterhof sprengt und sich in Stevie-Nebel verwandelt. Während Stevie die
kinetische Energie von 150.000 Kilogramm hochexplosivem Treibstoff einfing,
vergaß er die Steuerung.

Wie man die Mondumlaufbahn erreicht

Governance ist die Killer App. Es ist die Art, wie Sie Geld verwalten, wie Sie die Energie einer Gemeinschaft organisieren, wie Sie Unternehmen neu erfinden. Jedes Mal, wenn Sie eine DAO schreiben möchten, ertönt dieser kleine Weckruf, der sagt: "Wir könnten mit diesem Ding *viel* Geld beschaffen!" Widerstehen Sie diesem Ruf. Die Großartigkeit einer Mondumlaufbahn erreichen Sie mit Ethereum, in dem Sie sehr sorgfältige, konservative Steuerungsmechanismen anwenden, die schrittweise über einen langen Zeitraum reifen. Das ist eine Killer App. Das kann unsere Art, wie wir Unternehmen führen, verändern.

Aber um das zu tun, müssen Sie sicherstellen, dass Sie nicht zu viel Kraftstoff verbrauchen. Wenn Sie in nur einem Tag eine Atlas-V-Rakete bauen möchten, werden Sie bloß einen großen Krater sprengen und wenn Sie sich entscheiden, dass die erste Stufe die Mondumlaufbahn ist, dann werden Sie das lange wiederholen müssen.

Lasst uns nicht in die Mondumlaufbahn kommen. Wie wäre es mit einer niedrigen Erdumlaufbahn? Wie wäre es, erst mal von der Startrampe wegzukommen? Wie wäre es mit einem horizontal gespannten Motortest? Das ist im Moment die wirkliche Herausforderung bei Ethereum, aber auch die große Chance. **Die Killer App sind Smart Contracts, die das moderne Unternehmen neu definieren. Die DAO, die dezentralisierte autonome Organisation.**

Aber wenn Sie nach der DAO suchen, was finden Sie? "TheDAO" sprengte sich selbst in einen gigantischen Krater, weil sie zu viel Treibstoff im Motor und zu wenig ausgereifte Governance hatte.

Wir brauchen viel mehr Anstrengungen, um die Steuerung durch Smart Contracts zur Reife zu bringen und für diejenigen, die sich daran machen, wird der "Erfolg über Nacht" 20 Jahre dauern. Aber eines Tages *wird* dieses Vehikel in der Mondumlaufbahn landen.

Vielen Dank.

Häufig gestellte Fragen (FAQ)

Bei fast jeder Veranstaltung lädt Andreas das Publikum ein, Fragen zu Kryptowährungen zu stellen. Wie Sie sich vorstellen können, handelt es sich bei einigen der Fragen um Grundlagen für Neulinge, bei anderen um hochtechnische und bei anderen um politische, soziale oder wirtschaftliche Implikationen. Oft spiegeln sie die aktuellen Hoffnungen und Ängste des Publikums wider. In zunehmendem Maße werden jedoch ähnliche Fragen von verschiedenen Zielgruppen auf der ganzen Welt gestellt.

Im Folgenden finden Sie einige der am häufigsten gestellten Fragen und Andreas' Antworten darauf. Wenn Sie diese lesen, denken Sie daran, dass diese Antworten nicht vorbereitet wurden; Sie sind improvisiert, sie werden vor Ort für das Publikum live beantwortet und reflektieren Andreas' Gedanken zu einem bestimmten Zeitpunkt. Die Dinge ändern sich schnell in dieser Branche. Einige der Hinweise in diesem Abschnitt, wie die Marktkapitalisierung von Bitcoin, sind am Tag nach der Beantwortung der Frage veraltet, was jedoch den Gesamtwert der Antwort nicht schmälert.

Um Andreas' neueste Q & A-Videos zu finden, besuchen sie seine Webseite unter https://www.antonopoulos.com. Besser noch, nehmen Sie an einer Veranstaltung teil und stellen Sie ihm selbst eine Frage!

Fragen:

1. Wie wird der Wert eines Bitcoins ermittelt?

2. Was sind die Regeln von Bitcoin? Wie unterscheiden sich Bitcoin Transaktionen von Bank Transaktionen?

3. Wie viel haben sie in Bitcoin investiert? Wie viel sollte ich in Bitcoin investieren?

4. Wer ist der/die Erfinder/in von Bitcoin? Spielt dies überhaupt eine Rolle?

5. Werden nicht Kriminelle Bitcoin verwenden? Wird Bitcoin verwendet werden, um Drogen zu kaufen?

6. Sollten wir die Identitäten aller sammeln, die Bitcoin verwenden?

7. Welche Arten akademischer Forschung gibt es in diesem Bereich?

8. Sind Initial Coin Offerings (ICOs) ein disruptiver Innovator oder eine Blase die Gier antreibt?

1. Den Wert von Bitcoin bestimmen

Singularity Universität Innovationspartnerschaftsprogramm (IPP) Konferenz; Silicon Valley, Kalifornien, September 2016

Video-Link: https://youtu.be/DucvYCX1CVI

F: Was bestimmt den Wert von Bitcoin? Wie begründet sich die Kaufkraft?

Die Kaufkraft von Bitcoin wird genauso bestimmt wie die Kaufkraft des Euro, Britischen Pfunds, Japanischen Yens oder des US-Dollars bestimmt wird: über die Marktkräfte von Angebot und Nachfrage in internationalen liquiden Märkten, die rund um die Uhr in Betrieb sind. Einer der grundlegenden Unterschiede ist, dass das Bitcoin Trading nie aufhört; es läuft seit sieben Jahren ununterbrochen, das Netzwerk stoppt nie. Bitcoins Herz schlägt alle zehn Minuten und Transaktionen werden verarbeitet. Die Börsen schließen nie. Es gibt keinen Schlusskurs für Bitcoin; es ist ein gleitender Durchschnitt. Eine Marktkapitalisierung von rund 12 Milliarden US-Dollar wird heute international gehandelt.

Was bedeutet 12 Milliarden US-Dollar für eine globale Währung? Es ist ein kleiner Fisch, der in Hai verseuchten Gewässern schwimmt. Jeder Händler, jeder Wal steigt ein und schubst den Preis herum. Ich lebe seit drei Jahren nur mit Bitcoin und im Moment durchlebe ich eine Achterbahnfahrt. Ich habe Kursschwankungen von 20 oder 30% an einem Tag erlebt. Wenn man sich den langfristigen Trend anschaut, steigt das Volumen, die Transaktionen steigen und die Volatilität sinkt. Das ist ein wichtiger Trend. Nicht so wichtig für Menschen in den USA oder Großbritannien, aber sehr wichtig für alle in Argentinien, Brasilien oder Venezuela. Diesen Menschen müssen wir nicht erklären, warum die Trennung von Staat und Geld eine gute Idee ist. Sie wissen es bereits. Volatilität ist relativ.

Anmerkung der Redaktion: eine genauere Beschreibung der Ermittlung des Bitcoin Wertes finden sie im Kapitel "Fake News, Fake Geld."

2. Die Regeln von Bitcoin

Bloktex-Veranstaltung im Technologiepark; Kuala Lumpur, Malaysien; Februar 2017

Video-Links: https://youtu.be/VnQu4uylfOs and https://youtu.be/vtIp0GP4w1E

F: Was sind die Regeln von Bitcoin? Was unterscheidet die Regeln für Transaktionen im Bitcoin Netzwerk von den Regeln für Transaktionen, die über traditionelle Finanzinstitute abgewickelt werden?

Es gibt eine Reihe von Regeln innerhalb des Systems, etwa dreißig oder vierzig Regeln, die die Software analysiert. Wenn beispielsweise eine Transaktion angibt, dass meine Adresse den Betrag x an Ihre Adresse bezahlt, ist eine korrekte oder gültige Transaktion eine bei der,

- meine Adresse korrekt formatiert ist

- Ihre Adresse korrekt formatiert ist

- der angegebene Betrag zwischen 0 und 21 Millionen Bitcoin liegt (21 Millionen sind die Gesamtzahl der Bitcoins, die jemals erstellt werden)

- ich den Betrag wirklich habe, um Sie zu bezahlen (wenn ich ihn nicht habe, kann ich nicht zahlen)

- meine Signatur der Transaktion gültig ist

- die Gebühr der Transaktion ausreichend ist, um das Netzwerk zu bezahlen

Und so weiter… Es gibt viele dieser kleinen Regeln, nicht nur für die Transaktionen, sondern auch für die Blöcke, in denen sie enthalten sind. Diese Regeln sind kumulativ.

Es gibt auch Regeln auf der Ebene der Programmierung. Dinge wie, die ersten drei Bits der Versionsnummer der Transaktion müssen y sein, es sei denn, die Zeitsperre für die Transaktion ist gesetzt, in diesem Fall sollten die Version Bits n sein. Es gibt alle diese obskuren Regeln, die mit der Analyse des Transaktionsformats zu tun haben. Aber Ihre Software macht das alles für Sie; Sie brauchen sich nicht darum zu sorgen. Wenn Sie Geld haben, können Sie es per QR-Code senden, Klick-Klick-fertig - Ihre Software erzeugt eine gültige Transaktion.

Ein wichtiger Punkt dabei ist, dass die Software nicht fragt: sind Sie ein guter Mensch oder ein schlechter oder sind Sie auf einer Liste von guten oder schlechten Menschen, dürfen Sie dieses Netzwerk nutzen, wann wurden Sie geboren, was ist Ihr Geschlecht, Ihre Religion? Keine Frage davon ist in den Regeln enthalten und das ist eine wichtige Unterscheidung.

Bitcoin führt einen bestimmten Regelsatz aus und diese Regeln können nicht geändert werden, solange nicht alle zustimmen - und hier bedeutet "zustimmen", dass Sie jene Software ausführen, die Ihre gewünschten Regeln verwendet. Aber wenn Sie nichts verändern, ändert sich Bitcoin nicht. Die Konsensregeln bleiben gleich.

Letzte Woche hat die US-Notenbank angekündigt, dass sie die Zinsen erhöhen wird. Großartig jetzt weiß ich, wie hoch der Zinssatz nächste Woche sein wird. Aber das ist alles was ich weiß. Ich weiß nicht, wie der Zinssatz nächstes Jahr sein wird und ich weiß nichts über die Geldmenge. Ich weiß aber, wie hoch die Ausgabe von

Bitcoin im Jahr 2140 sein wird, nämlich bis hinunter auf acht Dezimalpunkte genau. Wieso?

Weil ich den Code lesen kann: die Ausgabe von Bitcoin ist eine der Regeln des Konsenses, sie ist im Code genau festgelegt. Die Ausgabe ist eine der Regeln, die sich nicht ändern wird, denn wenn das passiert, ist es kein Bitcoin mehr. Ich kann Ihnen garantieren, dass wir nie die 21 Millionen Bitcoin Grenze überschreiten werden, denn wenn Sie versuchen, diese Regel zu ändern, werde ich Nein sagen, die meisten anderen Leute im Netzwerk werden ebenfalls Nein sagen und wenn Sie sich abspalten, können Sie ihr Ding "Popo-Coin" nennen oder wie auch immer Sie möchten; wir behalten den Namen Bitcoin und die alten Regeln.

Das ist Gewissheit. Wir haben eine Reihe von Regeln, basierend auf Mathematik, die es uns erlauben in die Zukunft zu sehen und genau zu wissen, wann sich die Ausgabe von Bitcoin im Jahr 2038 um die Hälfte reduzieren wird. Ich kann Ihnen heute die Blocknummer davon nennen, weil alles auf Mathematik basiert. Das gibt uns Sicherheit. Dies basiert nicht auf willkürlichen Entscheidungen von Menschen; sondern es basiert auf Mathematik.

Manche Leute mögen das nicht. Manche Menschen wollen die politische Wahl haben, Menschen wählen, die Entscheidungen für sie treffen und damit Menschen, die ihre Meinung ändern und andere Entscheidungen treffen. Für sie ist Bitcoin nicht gut, weil Bitcoin unflexibel ist. Wenn sie 24 Millionen Bitcoins haben wollen, tut uns leid, aber das werden wir nicht tun.

Wenn Sie Gewissheit, Vorhersehbarkeit und harte mathematische Regeln wollen, dann könnte Bitcoin eine interessante Wahl für Sie sein. Wenn Sie dies nicht wollen, können Sie eine andere digitale Währung oder ein anderes Organisationssystem wählen.

Anmerkung der Redaktion: Für eine detaillierte Erklärung der 51-Prozent-Attacke, wie Regierungen Bitcoin stoppen oder übernehmen könnten und ähnliche Themen siehe Kapitel "Unveränderbarkeit und Proof-of-Work."

3. Wie viel in Bitcoin investieren?

Coinscrum Minicon am Imperial College; London, England; Dezember 2016

Video-Link: https://youtu.be/DJtM9mR7cOU

F: Wieviel Prozent ihres Reichtums ist in Bitcoin? Wieviel Prozent unseres Vermögens sollten wir in Bitcoin investieren?

Die Antworten auf diese beiden Fragen sind sehr unterschiedlich. Wieviel Prozent Ihres Vermögens sollten Sie in Bitcoin investieren? Den Anteil Ihres Vermögens, der Ihrem Verständnis der Technologie und Ihrer Fähigkeit, das damit verbundene Risiko zu absorbieren, entspricht. Was für die meisten Leute ein sehr kleiner Prozentsatz ist, falls überhaupt.

Zu Ihrer ersten Frage, wie viel Prozent meines Vermögens in Bitcoin ist. Das Wort "Reichtum" ist ein bisschen übertrieben. Ich habe diesen Job zwei Jahre lang ohne Bezahlung gemacht und ich zahle immer noch die Schulden ab, die dabei entstanden sind. Die kleinen Beträge, die ich spare sind zu 100% in Bitcoin und anderen Kryptowährungen.

Aber ich möchte noch einmal betonen, dass dies _keine Empfehlung zu investieren ist, weil ich mein Geld nicht in Bitcoin investiert habe; ich habe meine Karriere, meine intellektuelle Kapazität, meine kreative Energie, meine Leidenschaft, meine Arbeit in Bitcoin investiert - das Geld ist das geringste Investment in Bitcoin. Ich könnte das ganze Geld verlieren und habe immer noch meine Arbeit.

Sie sollten so wenig investieren, wie Sie in einem sehr volatilen Markt zu verlieren gewillt sind. Das könnte ungefähr 5 Pfund pro Woche bedeuten. Manche Leute schlagen vor und ich halte das für eine gute Idee, dass sie ein Laster in eine Investition umwandeln. Zum Beispiel, wenn Sie zwei Kaffee weniger bei Starbucks trinken oder das Rauchen um eine Packung pro Woche reduzieren und mit diesem Geld dann Bitcoin kaufen. Sobald Sie etwas Bitcoin haben, spielen Sie damit herum, zahlen und bezahlen Sie etwas, testen Sie Wallets. Sehen Sie sich an, ob es Ihnen gefällt.

Natürlich hängt die Höhe Ihrer Investition auch vom Land ab, in dem Sie sich befinden. Ich spreche hauptsächlich für das heutige, britische Publikum. Wenn Sie in Argentinien leben, hat sich jedes Prozent, das Sie in Bitcoin investiert haben, besser gehalten als die argentinische Währung jedes einzelne Jahr in den letzten sieben Jahren. Selbst in den schlechtesten Jahren von Bitcoin gelang es der argentinischen Wirtschaft schlechter abzuschneiden. Das gilt für Simbabwe, Venezuela und einige andere Länder ebenfalls. Wenn Sie eine 45-prozentige Inflation in Ihrer Landeswährung erleben, dann erscheint die verrückte Bitcoin Volatilität als solide Investition.

4. Bitcoins anonymer Erfinder

Blockchain Meetup Berlin; Berlin, Deutschland; März 2016

Video-Link: https://youtu.be/D2lZxl53TLY

F: Warum hat Mr. Nakamoto ihrer Meinung nach nicht genau erklärt, was Bitcoin ist und warum denken sie, hat er entschieden, seine Identität nicht preiszugeben?

In der griechischen Mythologie gibt es die Geschichte von Prometheus, der die Kühnheit hatte, Feuer von den Göttern zu stehlen und es den Menschen zu geben. Als Strafe dafür wurde er an einen Felsen gebunden, wo ein Adler jeden Tag seine Leber aß und über Nacht wuchs die Leber nach, damit er wieder gefoltert werden konnte.

Satoshi Nakamoto stahl Geld vom Staat - damit ist nicht Geld direkt gemeint, sondern die Technologie des Geldes - und gab es den Menschen. Wenn wir jemals herausfinden, wer Satoshi Nakamoto ist, wird das wahrscheinlichste Ereignis sein, dass jemand ihn entweder metaphorisch oder buchstäblich an einen Stein bindet, um einen Adler seine Leber fressen zu lassen (oder ihre Leber, deren Leber). An dem Tag nach dem Nakamoto gefunden wird, werden wir aus den Medien "erfahren", dass diese Person ein Krimineller, eine Terroristin, ein Muslim, eine Lesbe, ein Veganer, eine Anarchistin, ein Punkrocker und biologisch mit Justin Bieber verwandt ist. Ich habe gerade acht der meist beängstigenden Dinge aufgezählt, die mir einfallen … weil das ist das, was die Medien tun werden, richtig? Wahrscheinlich auf Geheiß von Regierungen.

Es sollte uns klar sein, dass Satoshi Nakamoto gerade rechtzeitig verschwunden ist. Ich denke, es ist sehr klug anzuerkennen, dass Satoshi Nakamoto keine Gottheit oder ein Prophet ist; auch wenn er / sie / die eine Vision geschaffen haben, was Bitcoin sein *könnte*, gehört ihnen Bitcoin nicht, und ihre Vorstellung davon, was Bitcoin sein könnte oder ist, ist keine göttliche Wahrheit. *Wir* sind Bitcoin. Bitcoin wird immer "wir" sein, keine einzelne Person. Das ist der springende Punkt.

Daher ist es nicht wichtig, was Satoshi Nakamoto dachte, was Bitcoin ist. In der Tat war Satoshi Nakamoto vermutlich meist unsicher, ob das tatsächlich funktionieren würde.

Das Fazit ist, dass Satoshi Nakamoto uns nicht sagen kann, was Bitcoin ist, denn weder er / sie / die oder wir wissen, was Bitcoin sein wird. Wir machen Geschichte. Wir müssen die Verantwortung dafür übernehmen, dass wir einen Teil der Geschichte schreiben; Geschichte zu schreiben, bedeutet keine Ahnung zu haben, was als Nächstes kommt, weil es noch nie zuvor passiert ist. Sie müssen Ihre Entscheidungen sorgfältig und mit langfristigem Blick in die Zukunft treffen. Die Verantwortung für Bitcoin betrifft uns alle.

Was denken Sie, ist Bitcoin?

Hier ist der andere Punkt, der wirklich wichtig zu verstehen ist: Bitcoin muss nicht nur "eine" Sache sein. Das ist der ganze Sinn einer Plattform. Es kann das Eine für Sie sein und etwas völlig Anderes für mich, es könnte für alle von Ihnen etwas Anderes sein.

In einem System, in dem Sie keine Erlaubnis benötigen, um innovativ zu sein, um kreativ zu sein, um eine Anwendung im Netzwerk zu starten, müssen Sie nur diese eine neue Anwendung erstellen und jemanden finden, der mit Ihnen mittels dieser Anwendung interagieren will. Die Benutzerbasis einer seriösen Anwendung sind zwei Personen. Für einige Anwendungen, eine. Sie müssen keine Fokus-Gruppe gründen oder testen. Schreiben Sie eine Protokoll Definition und starten Sie sie im Netzwerk. Wie viele Personen benötigen Sie, um eine Anwendung im Netzwerk auszuführen? Höchstens zwei, und das reicht aus, damit diese Anwendung sinnvoll genutzt werden kann.

Bitcoin ist, was immer Sie wollen, das es ist. Es ermöglicht eine Anwendung in der nur zwei Personen involviert sind und das ist eine der magischen Möglichkeiten von Bitcoin. Wenn Sie eine Finanzanwendung in einem modernen Finanzsystem erstellen wollen, muss es im Moment etwas sein, dass Milliarden Menschen gewinnbringend für die Bank nutzt, was bedeutet, dass sie nur sehr wenige Anwendungsfälle haben kann. Es ist wichtig Bitcoin als etwas zu sehen, das Sie besitzen, ich besitze es und wir *alle* besitzen es.

5. Kriminalität und Bitcoin

Die Blockchain.NZ Konferenz; Auckland, Neuseeland; Mai 2017

Video-Link: https://youtu.be/jGmtRA9S7_Y

F: Man kann durchaus sagen, dass Verbrechen dem Geld folgt und Geld nutzt. Irgendwelche Gedanken dazu wie Kriminelle anfangen, dies für sich zu nutzen?

Ein interessanter Punkt bei kriminellen Organisationen ist, dass sie meist frühzeitig neue Technologien übernehmen. Sie tun das, weil sie an der Schnittstelle von höchstem Risiko und höchster Belohnung arbeiten, weswegen sie gezwungen sind, viel mehr Wettbewerbsvorteile zu suchen als jede andere Organisation. Telefone, Autos, Schuhe - ich bin mir sicher, dass all diese Dinge zuerst von Verbrechern ausgebeutet wurden. Wenn die Polizei keine Schuhe hat, aber Sie schon, können Sie weglaufen! Autos sind nur der nächste Schritt in diesem glorreichen Plan.

Bitcoin ist Geld. Geld ist definitionsgemäß etwas, mit dem man alles kaufen kann. Wenn Sie damit nichts kaufen können, ist es kein Geld; es ist ein Gutschein, eine Treuekarte, eine Geschenkkarte, aber es ist nicht wirklich Geld; wenn es Nutzungsbeschränkungen gibt, ist es kein Geld; es hat die grundlegende Funktion als Tauschmittel verloren. Also, können Sie Drogen mit Bitcoin kaufen? Natürlich können Sie. Sonst wäre es kein Geld. Trotzdem wette ich, dass es *viel* einfacher wäre, Drogen mit Neuseeland-Dollars zu kaufen, als mit Bitcoin …

Ja, Kriminelle *werden* Geld verwenden. Was wir verstehen müssen, ist, dass das Werkzeug nicht das Verbrechen ist. Das Werkzeug war nie das Verbrechen. Gesellschaften, die den Gebrauch eines Hammers verbannen, weil Hämmer dazu benutzt werden können, jemanden auf den Kopf zu schlagen oder ein "Habitat for Humanity" Haus zu schaffen, gehen den falschen Weg. Die Wahrheit ist, dass 99,9% von uns Menschen Geld verwenden werden, um unsere Kinder zu ernähren, ihnen Gesundheit, Hygiene und Bildung zu geben und um ihnen eine bessere Zukunft zu ermöglichen. Das machen Menschen mit Geld. Genau wie das, was wir mit dem Internet machen, es ist das weltweit größte Verzeichnis von Katzenvideos. Ja, sicher, es gibt auch Pornos, aber am Ende überwiegen die Vorteile der Technologie bei weitem die Risiken.

Ich glaube nicht an die Idee, Kriminalität durch die Kontrolle des Geldes in den Griff zu bekommen. Wenn versucht wird, das Verbrechen durch die Kontrolle des Geldes zu stoppen, werden die Institutionen, die die Kontrollen ausüben zu Verbrechern, sie *werden* die größten Verbrecher und was dann folgt ist, dass sie das Geld verwenden um Völkermord zu begehen - das ist noch jedes Mal in der Geschichte passiert. Die Macht über das Geld ist absolut; absolute Macht korrumpiert absolut.

Wir müssen anfangen über die Trennung von Geld und Staat nachzudenken, und verstehen, dass dies genauso wichtig ist, wie die Trennung von Kirche und Staat. Geld in der Kontrolle einzelner Regierungen … vielleicht funktioniert das hier in Neuseeland gut. Großartig, Sie haben eine der wenigen wohlwollenden Regierungen der Welt. Der Rest ist nicht so; der Rest missbraucht die Macht über das Geld, um ihre politischen Gegner zu bestrafen. Sie nutzen die Bank Kontrollen, nicht um Kriminelle zu stoppen, sondern um ihre politische Opposition und ihren Wettbewerb zu stoppen.

6. Datensammlung und Schutz der Privatsphäre

Barcelona Bitcoin Meetup im Fablab; Barcelona, Spanien; März 2016

Video-Link: https://youtu.be/rwF7nMWUjBs

F: Was denken sie über zentralisierte Dienste in Bitcoin, die personenbezogene Daten benötigen?

Ich glaube, im Großteil meines Talks ging es genau darum, daher fokussiere ich mich auf den Teil "persönliche Daten preisgeben." Persönliche Daten preisgeben, ist nicht nur eine Frage eines totalitären Finanz-Überwachungssystems; es ist auch eine Marktwirtschaft.

Wir haben bereits ein System für Mikro-Zahlungen im Internet: wenn Sie irgendeinen Inhalt kaufen möchten, der weniger als 5 Dollar kostet, ist der Preis, den Sie dafür zahlen, eine Mikroverletzung ihrer Privatsphäre. Das ist das Mikro-Zahlungssystem, das wir derzeit im Internet haben. Sie geben Ihre Daten an, um konsumiert, analysiert und statistisch korreliert zu werden, so dass die Nachrichten die Sie empfangen, passender und passender werden, mehr und mehr mit dem Bild übereinstimmen von dem Facebook *glaubt*, dass Sie es hören möchten, mit dem, was Amazon *glaubt*, das sie kaufen möchten, usw. Wir bezahlen Mikrozahlungen mit Verstößen gegen die Privatsphäre. Unsere privaten Daten sind der Preis für den Eintritt in die Mikroökonomie.

Wir könnten dies viel besser lösen, indem wir Mikrozahlungen mit netzwerk-zentrierten Währungen entwickeln. Dann zahlen wir mit diesen Währungen und schützen unsere Privatsphäre. Bei Bitcoin müssen Sie sich nicht identifizieren. Das ist kein Fehler, das ist eine Eigenschaft. Bitcoin macht es im Gegensatz zu den Blockchains, die die Banken einsetzen möchten, sehr schwierig Identitätsdaten zu integrieren, denn das ist unsicher.

Wenn sie personenbezogene Daten an einem Punkt konzentrieren, werden Sie gehackt. Wir haben noch keinen Weg gefunden, Daten zu schützen; niemand kann Daten schützen. Die Citibank kann keine Daten schützen, die großen Internethändler können keine Daten schützen, die NSA schafft es nicht ihre Daten in-house zu hüten. Die Idee, dass Bitcoin StartUps beginnen Know-Your-Customer-Identifizierungen und Anti-Money-Laundering Maßnahmen einzusetzen und dabei alle privat identifizierbaren Informationen zu sammeln, ist sowohl albern als auch katastrophal. Was wird passieren? Es wird ein Datenleck geben und Ihre Privatsphäre wird wieder verletzt.

Bei Bitcoin gibt es keine Identitäten, weil das Teil des Designs ist und es ist tatsächlich ein sehr mächtiger Teil des Designs, weil es die Grundlage für unsere Privatsphäre ist. Anonymität ist eines der Menschenrechte.

7. Die Rolle der akademischen Forschung

O'Reilly Radar Summit "Bitcoin und die Blockchain"; San Francisco, Kalifornien; Januar 2015

Video Link: https://youtu.be/aNPEdXQaMf8w

F: Sehen sie eine Rolle für die akademische Forschung?

Ja, absolut, ich sehe eine Rolle für die akademische Forschung. In der Tat gibt es ein Online-Verzeichnis von wissenschaftlichen Arbeiten für Bitcoin. Im Jahr 2013 waren es, glaube ich, nur vier oder fünf und 2014 waren es etwa 150 Arbeiten.

Ich kenne dutzende Menschen, die in Bitcoin promovieren. Ich denke wir werden bei Bitcoin nicht nur akademische Forschung in den Bereichen der Konsens-Algorithmen und verteiltem Rechnen sehen; ich sehe völlig neue wissenschaftliche Disziplinen, die auf Basis von Bitcoin entstehen.

Bedenken Sie: wenn sie heute Makroökonomie machen und die Aktivitäten einer Volkswirtschaft, eines Industriesektors oder eines bestimmten Unternehmens studieren wollen, können Sie dies auf Basis von Daten der etwa letzten sechs Monate tun. Mit einer Blockchain können Sie rechnerische Makroökonomie in Echtzeit auf Basis realer Daten durchführen. Big Data Analyse auf der Blockchain ist ein enormes Gebiet für die Forschung. Zum ersten Mal in der Geschichte können wir uns die ökonomischen Aktivitäten sehr großer Bevölkerungsgruppen aggregiert und zum größten Teil anonym ansehen - was einen guten Schutz darstellt, weil man diese Daten nicht einfach de-anonymisieren kann. Gleichzeitig können sie enormen Wert schaffen.

Also ja, für die akademische Forschung im Bereich Bitcoin gibt es große Möglichkeiten. Das passiert schon, aber ich erwarte auch, dass aus dieser unglaublichen Erfindung neue wissenschaftliche Disziplinen entstehen.

8. ICOs: Das Gute und das Böse

Blockchain Professionals, BitcoinSYD und SYDEthereum Joint Meetup Event bei Optiver Asia Pacific; Sydney, Australien; Juni 2017

Video-Link: https://youtu.be/Plu_WX3Gs8E

F: Sind ICOs disruptiv und demokratisches Risikokapital oder Blasen, die Gier fördern?

Muss ich wählen? Offensichtlich beides. Es gibt eine gewisse Gruppe von Menschen, die ICOs betrachten und ihre sehr statischen, traditionellen Ideen offenbaren. Die SEC, das Kapitalmarktrecht und die Beschränkungen für Börsengänge entstammen einer verrückten Blase, ihrem anfänglichen Umfeld. Der Slogan damals war "Schutz für Witwen und Waisen", kein Scherz. Regulierungen sind die alte Art mit Dingen umzugehen. Diese ICO Blase wird negative Konsequenzen haben, Leute werden fehlinvestieren, Leute werden Geld verlieren, andere werden mit dem investierten Geld davonlaufen. Es ist ein bisschen wild da draußen.

Aber es hat die Möglichkeit geschaffen, etwas völlig Neues zu tun: nämlich die große Kluft zwischen early-stage und organischen Finanzierungen sowie Börsengängen im Aktienmarkt zu überbrücken. In diesem Zwischenbereich können Unternehmen jetzt auf globaler Ebene in ungeheurer Geschwindigkeit

Finanzierungen einsammeln. Das ist ein komplett neues Umfeld für Unternehmensfinanzierungen, in dem es spektakuläre Erfolge und Misserfolge gibt.

Was können wir mit programmierbarem Geld tun, das anders, neu, dezentral ist, das Finanzierungs- und Treuhand-Strukturen neu gestaltet und dessen Schutzvorkehrungen aus dem Crowdsourcing kommen? Wir können Treuhand-Strukturen *innerhalb* des programmierbaren Geldes festlegen.

Die Banken sind nicht primär die Platzhirsche, die disruptiert werden; es sind die Regulatoren und das institutionelle, zentralisierte Regulierungsumfeld. Das heisst, es sind nicht nur die Banken, die wir nicht mehr benötigen; wir brauchen gar keine institutionelle Aufsicht oder die Zentralbanken mehr. Diese Idee gefällt vielen Menschen nicht. Es hört sich wild an. Ja, das ist es auch, wenn wir keinen neuen Weg finden, um die Dinge besser zu machen. Aber ich denke, wir können das.

Im Moment gibt es eine Menge an Finanzierungen. Ein Teil davon wird Blasen erzeugen, die platzen und sich wieder aufblähen, platzen und sich wieder aufblähen und jedes Mal wird die Blase größer werden. Dabei werden sich Menschen die Finger verbrennen, Lektionen werden gelernt werden und mittendrin wird es Leute geben, die an Lösungen arbeiten, denn es wird sehr profitabel sein, gute dezentrale Lösungen für den Kundenschutz zu bauen. Ich kann es kaum erwarten, sie zu sehen!

In der Zwischenzeit werde ich zu 99,999% nicht in ICOs investieren, weil ich nicht in ein minimal tragfähiges Whitepaper investiere. Momentan ist das der neue Standard für Start-Ups. Peter Todd, ein Bitcoin Core Entwickler, ging noch einen Schritt weiter. Er sagte: "Wir brauchen nicht einmal ein Whitepaper. Hier ist ein minimal tragfähiger Tweet für ein ICO: *Das ist meine BTC Adresse, finanziere mich, du bekommst nichts zurück.*" Die Leute sendeten ihm Geld!

Wir definieren unternehmerischen Kapitalismus, Unternehmen, Wertpapiere, Kapitalbeschaffung und Aktienmärkte neu. Wir definieren das gesamte finanzielle und regulatorische System darum herum neu. Moment! Das wird interessant werden.

Appendix A. Eine Nachricht von Andreas

Bitte um Rezensionen

Danke nochmal für das Lesen dieses Buches. Ich hoffe, es hat Ihnen genauso gefallen wie mir das Produzieren. Wenn es Ihnen gefallen hat, besuchen Sie bitte die Seite des Buches auf Amazon oder wo auch immer Sie es gekauft haben und hinterlassen Sie eine Rezension. Dadurch wird das Buch in den Suchergebnissen sichtbarer und erreicht mehr Menschen, die vielleicht zum ersten Mal von Bitcoin hören. Ihr ehrliches Feedback hilft mir auch mein nächstes Buch noch besser zu machen.

Vielen Dank

Ich möchte an dieser Stelle der Community danken, die meine Arbeit unterstützt. Viele von Ihnen teilen meine Arbeit im Freundeskreis, mit der Familie oder dem Team in der Arbeit; sie besuchen meine Vorträge und reisen teilweise von sehr weit an; und ich danke jenen, denen es möglich ist, mich auf Patreon zu unterstützen. **Ohne Sie könnte ich diese wichtige Arbeit nicht leisten, die Arbeit, die ich liebe. Ich bin für immer dankbar.**

Danke!

Appendix B. Video Links

Herausgegebene Vorträge

Jedes Kapitel dieses Buches ist die Niederschrift eines Vortrages von Andreas M. Antonopoulos auf Konferenzen und Meetups in aller Welt. Die meisten Vorträge wurden vor einem allgemeinen Publikum gehalten, ein paar waren für bestimmte Zuhörergruppen (wie Studierende) oder einem bestimmten Thema gewidmet.

Andreas ist bekannt für seine, das Publikum mitreissenden, Vorträge. Viel von dieser Interaktion zwischen dem Publikum und ihm geht leider bei der Niederschrift verloren. Daher regen wir an, dass Sie sich die Originalvideos dazu ansehen und wenn es auch nur darum geht einen Eindruck von den Vorträgen zu bekommen.

Alle Videos und noch viele mehr sind auf seiner Webseite zu finden: https://antonopoulos.com und auf seinem YouTube Kanal: https://www.youtube.com/aantonop. Um früheren Zugang zu seinen Videos zu erhalten, werden Sie Förderer/in auf Patreon: https://patreon.com/aantonop.

Links zum Originalinhalt

Hier finden Sie eine Liste aller Vorträge, die wir inkludiert haben. Inklusive Ort, Datum und Links zu den original Videos:

Introduction to Bitcoin

> Singularity University's IPP Conference; Silicon Valley, California; September 2016; https://youtu.be/l1si5ZWLgy0

Blockchain vs Bullshit

> Blockchain Africa Conference at the Focus Rooms; Johannesburg, South Africa; March 2017; https://youtu.be/SMEOKDVXlUo

Fake News, Fake Money

> Silicon Valley Bitcoin Meetup at Plug & Play Tech Center; Sunnyvale, California; April 2017; https://youtu.be/i_wOEL6dprg

Immutability and Proof-of-Work, The Planetary-scale Digital Monument

> Silicon Valley Bitcoin Meetup; Sunnyvale, California; September 2016 https://youtu.be/rsLrJp6cLf4

Hard and Soft Promises

> San Francisco Bitcoin Meetup; San Francisco, California; September 2016; https://youtu.be/UJSdMFPjW8c

Currency Wars

Coinscrum Minicon at Imperial College; London, England; December 2016; https://youtu.be/Bu5Mtvy97-4

Bubble Boy and the Sewer Rat

DevCore Workshop at Draper University; San Mateo, California; October 2015; https://youtu.be/810aKcfM__Q

A New Species of Money, An Evolutionary Perspective on Currency

Bitcoin Milano Meetup; Milano, Italy; May 2016; https://youtu.be/G-25w7Zh8zk

What is Streaming Money?

Bitcoin Wednesday Meetup at the Eye Film Museum; Amsterdam, The Netherlands; October 2016; https://youtu.be/gF_ZQ_eijPs

The Lion and the Shark: Divergent Evolution in Cryptocurrency

Silicon Valley Ethereum Meetup at the Institute for the Future; Mountain View, California; September 2016; https://youtu.be/d0x6CtD8iq4

Rocket Science and Ethereum's Killer App

Cape Town Ethereum meetup at Deloitte Greenhouse; Cape Town, South Africa; March 2017; https://youtu.be/OWI5-AVndgk

Häufig gestellte Fragen:

1. How is bitcoin's value determined? https://youtu.be/DucvYCX1CVI

2. How are bitcoin transactions different from banking transactions? What are the rules of bitcoin? https://youtu.be/VnQu4uylfOs and https://youtu.be/vtIp0GP4w1E

3. How much do you have invested in bitcoin? How much should I invest in bitcoin? https://youtu.be/DJtM9mR7cOU

4. Who is the inventor of bitcoin? Why Satoshi's Identity Doesn't Matter. https://youtu.be/D2lZxl53TLY

5. Won't criminals use bitcoin? Will bitcoin be used to buy drugs? https://youtu.be/jGmtRA9S7_Y

6. Should we collect the identity of everyone who uses bitcoin? https://youtu.be/rwF7nMWUjBs

7. What is the role of academic research? https://youtu.be/aNPEdXQaMf8w

8. Are Initial Coin Offerings (ICOs) a disruptive innovator or a bubble fueling greed? https://youtu.be/Plu_WX3Gs8E

Appendix C. Satoshi Gallery Illustrations

Valentina Picozzi ist eine italienische Künstlerin, die in London lebt. 2012 verliebte sie sich in die Ideologie hinter Bitcoin worauf sie 2015 die Satoshi Gallery gründete. Ein Kunstprojekt, mit dem Ziel die Neugier des Publikums zu fördern, ihr Denken zu öffnen und sie dabei zu unterstützen, Kryptowährungen leichter zu verstehen.

Mittels Malerei, Fotos, Illustrationen, Neon Installationen und Straßenkunst beschreibt sie die Geschichte, Philosophie und den Menschenverstand hinter der Technologie, die die Welt verändern wird.

Alle Illustrationen in diesem Buch wurden von der Satoshi Gallery zur Verfügung gestellt.

ART

T-SHIRTS

http://www.satoshigallery.com

twitter: @satoshigallery - instagram: satoshigallery

Index

W

Z

www.ingramcontent.com/pod-product-compliance
Lightning Source LLC
Chambersburg PA
CBHW020156200326
41521CB00006B/398